高职高专"十三五"规划教材

数字电路

主　编　高为将　钱　志
副主编　赵　安　丁季丹　吴如樵

北京航空航天大学出版社

内 容 简 介

本书内容包括：数字电路基础知识、组合逻辑电路、触发器与时序逻辑电路、脉冲波形的产生与整形电路、数/模与模/数转换电路和 Multisim 10 的仿真应用。每章末尾附有小结和习题，便于读者学习使用。

本书以讲清概念、强化应用为重点，以培养学生应用能力为主线，主要特点是循序渐进，由浅入深，理论联系实际，突出高职高专教育特色。

本书不仅可以供高职高专及成人高校应用电子、机电一体化、计算机应用等专业使用，也可供广大工程技术人员参考。

本书配有教学课件和习题答案供任课教师参考，请发送邮件至 goodtextbook@126.com 或致电 010-82317037 申请索取。

图书在版编目(CIP)数据

数字电路 / 高为将，钱志主编. -- 北京：北京航空航天大学出版社，2016.2
ISBN 978-7-5124-1946-9

Ⅰ. ①数… Ⅱ. ①高… ②钱… Ⅲ. ①数字电路－高等职业教育－教材 Ⅳ. ①TN79

中国版本图书馆 CIP 数据核字(2015)第 272176 号

版权所有，侵权必究。

数字电路

主　编　高为将　钱　志
副主编　赵　安　丁季丹　吴如樵
责任编辑　董　瑞　张艳学

*

北京航空航天大学出版社出版发行

北京市海淀区学院路 37 号(邮编 100191)　http://www.buaapress.com.cn
发行部电话：(010)82317024　传真：(010)82328026
读者信箱：goodtextbook@126.com　邮购电话：(010)82316936
北京时代华都印刷有限公司印装　各地书店经销

*

开本：787×1 092　1/16　印张：10.25　字数：262 千字
2016 年 2 月第 1 版　2016 年 2 月第 1 次印刷　印数：3 000 册
ISBN 978-7-5124-1946-9　定价：20.00 元

若本书有倒页、脱页、缺页等印装质量问题，请与本社发行部联系调换。联系电话：(010)82317024

前　　言

本书依据教育部最新制定的《高职高专教育电工电子技术课程教学基本要求》编写。

本书在结构与内容编排方面，吸收了编者近几年在教学改革、教材建设等方面取得的经验体会，力求全面体现高等职业教育的特点，满足当前教学的需要。全书内容包括直流稳压电源、数字电路基础知识、组合逻辑电路、触发器与时序逻辑电路、脉冲波形的产生与整形电路、数/模与模/数转换电路和 Multisim 10 的仿真应用。在编写过程中注意了以下三个方面：

（1）在教材内容选取上，以"必需、够用"为原则，舍去复杂的理论分析，辅以适量的习题，内容层次清晰，循序渐进，让学生对基本理论有系统、深入的理解，为今后的持续学习奠定基础。

（2）在内容安排上，注重吸收新技术、新产品、新知识。如增加了新颖的集成电路芯片的应用等知识，体现教材的时代特征及先进性。

（3）针对电子技术课程实践性较强的特点，专门安排章节介绍 Multisim 10 仿真软件的操作与案例，把实验室搬进课堂。这种教学模式生动形象，不但能激发学生的学习兴趣，而且能加深对所学知识的理解，提高教学质量。

本书由江苏农牧科技职业学院吴如樵编写第 1 章，江苏农林职业技术学院高为将编写第 2、6 章，江苏农牧科技职业学院钱志编写第 3 章及附录部分，江苏农牧科技职业学院丁季丹编写第 4 章，泰州职业技术学院赵安编写第 5 章。

泰州技师学院唐培林详细地审阅了书稿并提出了许多宝贵意见，绍展图对全书的修改工作提出了很多建设性的意见，江苏农林职业技术学院李学明对仿真部分进行了校对与指导，在此表示诚挚的谢意。由于编写时间较紧，加之编者水平有限，错误和不当之处恳请读者和同行批评指正。

编　者
2015 年 3 月

目 录

第1章 数字电路基础知识 1
  1.1 概 述 1
    1.1.1 数字信号与模拟信号 1
    1.1.2 数字电路的特点及应用 1
    1.1.3 常见的脉冲波形 2
    1.1.4 数字电路的分类 2
  1.2 常用的数制与码制 2
    1.2.1 数 制 2
    1.2.2 几种数制之间的转换 4
    1.2.3 码 制 6
  1.3 逻辑代数的基本概念 7
    1.3.1 逻辑函数和逻辑变量 7
    1.3.2 三种基本逻辑运算 7
    1.3.3 常用的复合逻辑函数 9
    1.3.4 逻辑函数的表示方法及相互转换 9
    1.3.5 逻辑代数的基本公式和定律 11
  1.4 逻辑函数的化简 13
    1.4.1 逻辑函数表达式的类型和最简式的含义 13
    1.4.2 逻辑函数的公式化简法 13
    1.4.3 逻辑函数的卡诺图化简法 14
  本章小结 20
  习 题 21

第2章 组合逻辑电路 22
  2.1 逻辑门电路 22
    2.1.1 分立元件门电路 22
    2.1.2 TTL 集成逻辑门 26
    2.1.3 CMOS 集成门电路 31
  2.2 组合逻辑电路 33
    2.2.1 组合逻辑电路的基本概念 33
    2.2.2 组合逻辑电路的分析与设计 34
    2.2.3 加法器和数值比较器 36
    2.2.4 编码器和译码器 40
    2.2.5 数据选择器和数据分配器 47
  本章小结 50

习　　题 ·· 51

第3章　触发器与时序逻辑电路 ··· 54

3.1　触发器 ·· 54
　　3.1.1　基本RS触发器 ··· 54
　　3.1.2　时钟控制的RS触发器 ·· 56
　　3.1.3　主从触发器 ·· 58
　　3.1.4　边沿触发器 ·· 60
　　3.1.5　T触发器和T′触发器 ··· 61

3.2　时序逻辑电路 ··· 62
　　3.2.1　概　述 ··· 62
　　3.2.2　时序逻辑电路的分析方法 ·· 62
　　3.2.3　寄存器 ··· 66
　　3.2.4　计数器 ··· 68
　　3.2.5　顺序脉冲发生器 ··· 75

　本章小结 ··· 75
　习　　题 ··· 76

第4章　脉冲波形的产生与整形电路 ·· 80

4.1　概　述 ·· 80

4.2　555定时器 ·· 80
　　4.2.1　概　述 ··· 80
　　4.2.2　555定时器 ··· 81

4.3　单稳态触发器 ··· 82
　　4.3.1　单稳态触发器的工作特点 ·· 82
　　4.3.2　门电路组成单稳态触发器 ·· 82
　　4.3.3　用555定时器构成的单稳态触发器 ·· 83
　　4.3.4　集成单稳态触发器 ·· 84
　　4.3.5　单稳态触发器应用实例 ··· 86

4.4　施密特触发器 ··· 86
　　4.4.1　施密特触发器的工作特点 ·· 86
　　4.4.2　用门电路组成的施密特触发器 ·· 87
　　4.4.3　集成施密特触发器 ·· 88
　　4.4.4　用555定时器构成的施密特触发器 ·· 89

4.5　多谐振荡器 ··· 90
　　4.5.1　多谐振荡器概述 ··· 90
　　4.5.2　门电路构成多谐振荡器 ··· 91
　　4.5.3　石英晶体——门电路多谐振荡器 ·· 92
　　4.5.4　用555定时器构成的多谐振荡器 ·· 92

　本章小结 ··· 93
　习　　题 ··· 93

第5章 数/模与模/数转换电路 ·· 95
5.1 概 述 ·· 95
5.2 D/A 转换器 ··· 95
5.2.1 D/A 转换器电路组成及基本原理 ··· 95
5.2.2 D/A 转换器 ·· 97
5.2.3 集成 D/A 转换器的应用实例 ·· 98
5.3 A/D 转换器 ··· 99
5.3.1 A/D 转换器的电路组成及基本原理 ·· 99
5.3.2 A/D 转换器的类型 ·· 100
5.3.3 集成 A/D 转换器的应用实例 ·· 103
本章小结 ··· 105
习 题 ··· 105

第6章 Multisim 10 的仿真应用 ·· 106
6.1 Multisim 10 仿真软件介绍 ·· 106
6.1.1 Multisim 10 的用户界面及设置 ··· 106
6.1.2 Multisim 10 元器件库及其元器件 ··· 116
6.2 仿真教学案例 ·· 130
6.2.1 几种常见的逻辑运算的仿真 ·· 130
6.2.2 举重裁判表决器设计与仿真 ·· 132
6.2.3 二-十进制优先编码器 74LS147 的仿真 ······································ 133
6.2.4 显示译码器 ·· 134
6.2.5 74LS290 计数器应用 ··· 135
6.2.6 集成同步十进制加法计数器 74LS160 和 74LS162 ····················· 136
6.2.7 555 定时器的应用 ··· 139
6.2.8 8 位集成 D/A 转换器仿真实验 ··· 140
6.2.9 8 位 A/D 转换电路仿真 ·· 141
6.3 综合设计与仿真 ·· 142
6.3.1 数显八路抢答器 ··· 142
6.3.2 十盏灯循环点亮电路 ··· 143
6.3.3 三位数的计数电路 ··· 144
6.3.4 数字电子钟 ·· 144

附录 A 数字集成电路产品系列 ·· 146
附录 B 常用集成芯片引脚图 ·· 150
参考文献 ··· 153

第1章 数字电路基础知识

1.1 概　述

数字电路是电子技术的重要组成部分。数字电路处理的信号都是数字量,在采用二进制的数字电路中,信号只有0和1两种状态。数字电路不仅能完成数值运算,还能进行逻辑运算,因而也把数字电路称为逻辑电路或数字逻辑电路。

1.1.1 数字信号与模拟信号

电子电路的工作信号可分为两种类型:模拟信号(analog signal)和数字信号(digital signal)。处理模拟信号的电路称为模拟电路(analog circuit),处理数字信号的电路称为数字电路(digital circuit)。

模拟信号是指在时间上和数值上都是连续变化的电信号,如生产过程中由传感器检测的由某种物理量(声音、温度或压力等)转化成的电信号、模拟电视的图像和伴音信号等。

数字信号是指在时间上和数值上都是断续变化的离散信号,如电子表的秒信号、自动生产线上记录产品或零件数量的信号等。

图1-1(a)、(b)所示分别为模拟电压信号和数字电压信号。

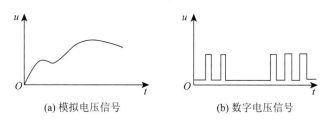

图1-1　模拟电压信号和数字电压信号

1.1.2 数字电路的特点及应用

数字电路处理的信号包括反映数值大小的数字量信号和反映事物因果关系的逻辑量信号(见图1-1(b)),与模拟电路相比,它具有如下特点:

① 数字电路中的半导体器件(如二极管、三极管、场效应管)多数处于开关状态,可利用管子的导通和截止两种工作状态代表二进制的0和1,完成信号的传输和处理任务。

② 数字电路的基本单元电路只要能可靠地区分开1和0两种状态即可,因此数字电路结构比较简单,而且具有工作可靠、精度高、成本低、使用方便、抗干扰能力强和便于集成等优点。

③ 由于数字电路的工作状态、研究内容与模拟电路不同,所以分析方法也不同。数字电路的分析常采用逻辑代数和卡诺图法。

由于数字电路具有许多特殊的优点,因而广泛应用于通信、自动控制、计算机、智能仪器、家用电器(如 VCD、DVD、电视机)等领域。

1.1.3 常见的脉冲波形

脉冲信号(pulse signal)是指在短暂时间间隔内作用于电路的电压或电流信号。

脉冲信号有多种形式,图 1-2 为几种常见的脉冲波形,它可以是偶尔出现的单脉冲,也可以是周期性出现的重复脉冲序列。

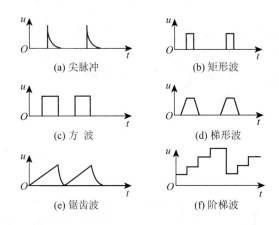

图 1-2 常见的脉冲波形

数字电路中的输入、输出电压值一般有两种取值:高电平或低电平,因此常用矩形脉冲作为电路的工作信号,如图 1-2(b)所示。

1.1.4 数字电路的分类

数字电路按组成结构不同,可分为分立组件电路(discrete circuit)和集成电路(integrated circuit)两大类。其中集成电路按集成度(在一块硅片上包含组件数量的多少)可分为小规模、中规模、大规模和超大规模集成电路。

按电路所使用的器件不同,可分为双极型电路(如 DTL、TTL、ECL、IIL、HTL 等)和单极型电路(如 NMOS、PMOS、CMOS、HCMOS 等)。

按电路的逻辑功能不同可分为组合逻辑电路(combinational logic circuit)和时序逻辑电路(sequential logic circuit)两大类。

1.2 常用的数制与码制

1.2.1 数 制

表示数值大小的各种计数方法称为计数体制,简称数制。"逢十进一"、"借一当十"的十进制是人们日常生活中常用的一种计数体制,而数字电路中常用的则是二进制、八进制、十六进制。下面对这几种进制及它们之间的转换逐一进行介绍。

1. 十进制数

十进制数(Decimal number)是人们在日常生活中最常用的一种数制,它有 0,1,2,3,4,5,6,7,8,9 十个数码,基数(base)为 10。计数规则是"逢十进一"或"借一当十"。

每一位数码根据它在数中的位置不同,代表不同的值。在数列中每个位置数符所表示的数值称为位权或权(weight)。例如十进制正整数 3 658 可写为 3 658=$3\times10^3+6\times10^2+5\times10^1+8\times10^0$

第3位	第2位	第1位	第0位
3	6	5	8
千位	百位	十位	个位

n 位十进制数中,第 i 位所表示的数值就是处在第 i 位的数字乘上 10^i——基数的 i 次幂。第 0 位的位权是 10^0,第 1 位的位权是 10^1,第 2 位的位权是 10^2,第 3 位的位权是 10^3。

由此可以得出十进制数的一般表达式。如果一个十进制数包含 n 位整数和 m 位小数,则
$(N)_{10}=a_{n-1}\times10^{n-1}+a_{n-2}\times10^{n-2}+\cdots+a_1\times10^1+a_0\times10^0+a_{-1}\times10^{-1}+a_{-2}\times10^{-2}+\cdots+a_{-m}\times10^{-m}$

用数学式表示的通式为

$$(N)_{10}=\sum_{i=-m}^{n-1}a_i\times10^i$$

式中,下标 10 表示 N 是十进制数,也可以用字母 D 来代替,如 $(35)_{10}$,或 $(35)_D$。

2. 二进制数

二进制数(Binary number)只有 0,1 两个数码,基数为 2,计数规则是"逢二进一"或"借一当二"。其位权为 2 的整数幂,按权展开式的规律与十进制相同。如

$$(1101)_2=1\times2^3+1\times2^2+0\times2^1+1\times2^0$$

用数学式表示的通式为

$$(N)_2=\sum_{i=-m}^{n-1}a_i\times2^i$$

括号的下标 2 表示 N 是二进制数,也可以用字母 B 来代替,如 $(11000)_2$ 或 $(11000)_B$。

二进制数的优缺点:

优点:首先,二进制数只有 0 和 1 两个数,因此很容易用电路元件的两种状态来表示(如开关的接通和断开、晶体管的导通与截止、电容器的充电与放电等);其次,二进制数运算简单,便于实现逻辑运算。

缺点:书写冗长,不便阅读。

3. 八进制数和十六进制数

二进制数在使用时位数通常较多,不便于书写和记忆,在数字系统中常采用八进制和十六进制来表示二进制数。

(1)八进制数

八进制数(Octal number)有 0,1,2,3,4,5,6,7 八个数码,基数为 8,各位的位权是 8 的整数幂,其计数规划是"逢八进一"或"借一当八",用数学式表示的通式为

$$(N)_8=\sum_{i=-m}^{n-1}a_i\times8^i$$

式中,下标 8 表示 N 是八进制数,也可以用字母 O 来代替,如

$$(1234)_8 = (1234)_O = 1 \times 8^3 + 2 \times 8^2 + 3 \times 8^1 + 4 \times 8^0$$

（2）十六进制数

十六进制数(Hex number)有 0,1,2,3,4,5,6,7,8,9,A,B,C,D,E,F 十六个数码,符号 A~F 分别代表十进制的 10~15,基数为 16,其计数规则是"逢十六进一"或"借一当十六",用数学式表示的通式为

$$(N)_{16} = \sum_{i=-m}^{n-1} a_i \times 16^i$$

式中,下标 16 表示 N 是十六进制数,也可以用字母 H 来代替,如

$$(27BC)_{16} = (27BC)_H = 2 \times 16^3 + 7 \times 16^2 + B \times 16^1 + C \times 16^0$$

1.2.2 几种数制之间的转换

1. 非十进制数转换为十进制数

就是将非十进制数转换为等值的十进制数。转换时只需将非十进制数按权展开,然后相加,就可以得出结果。

例 1-1 将 $(1101.11)_2$ 转换成十进制数。

解：
$$(1101.11)_2 = 1 \times 2^3 + 1 \times 2^2 + 0 \times 2^1 + 1 \times 2^0 + 1 \times 2^{-1} + 1 \times 2^{-2} =$$
$$2^3 + 2^2 + 2^0 + 2^{-1} + 2^{-2} = (13.75)_{10}$$

例 1-2 将 $(32A)_{16}$ 转换成十进制数。

解：
$$(32A)_{16} = 3 \times 16^2 + 2 \times 16^1 + 10 \times 16^0 =$$
$$768 + 32 + 10 = (810)_{10}$$

2. 十进制数转换为非十进制数

就是将十进制数转换为等值的非十进制数。将十进制数转换为非十进制数,需要将十进制的整数部分和小数部分分别进行转换,然后再将它们合并起来。

（1）整数部分的转换

十进制整数转换成二进制整数的方法为"除 2 取余逆排法"。具体做法是将十进制数逐次地用 2 除,取余数,一直除到商数为零。每次除完所得余数就作为要转换数的系数,取最后一位余数为最高位,依次按从低位到高位顺序排列。这种方法可概括为"除 2 取余,从低位到高位书写"。

例 1-3 将 $(38)_{10}$ 分别转换成二进制、八进制、十六进制数。

解：

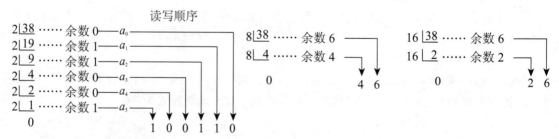

所以$(38)_{10}=(100110)_2=(46)_8=(26)_{16}$。

由于八进制数和十六进制数与二进制数之间的转换关系非常简单,可以利用二进制数直接转化为八进制数和十六进制数。

二进制数转换成八进制数,只要把二进制数从低位到高位,每 3 位分成一组,高位不足 3 位时补 0,写出相应的八进制数,就可以得到二进制数的八进制转换值。反之,将八进制数中每一位都写成相应的 3 位二进制数,所得到的就是八进制数的二进制转换值,如

$(1010001)_2=(001\ \ 010\ \ 001)_2=(121)_8 \qquad (27)_8=(\ 2\ \ \ \ 7\ )=(10111)_2$
$\qquad\qquad\qquad\ \ \downarrow\ \ \ \ \downarrow\ \ \ \ \downarrow \qquad\qquad\qquad\qquad\qquad\quad \downarrow\ \ \ \ \downarrow$
$\qquad\qquad\qquad\ \ 1\ \ \ \ 2\ \ \ \ 1 \qquad\qquad\qquad\qquad\qquad\quad 010\ \ 111$

同理,二进制数转换成十六进制数,只需要把二进制数从低位到高位,每 4 位分成一组,高位不足 4 位时补 0,写出相应的十六进制数,所得到的就是二进制数的十六进制转换值。反之,将十六进制数中的每一位都写成相应的 4 位二进制数,便可得到十六进制数的二进制转换值,如

$(7A)_{16}=(\ 7\qquad\quad A\ )=(1111010)_2$
$\qquad\qquad\quad\ \downarrow\qquad\quad\ \downarrow$
$\qquad\qquad 0111\quad\ \ 1010$

(2) 小数部分的转换

十进制小数转换成二进制小数可以采用"乘 2 取整法",具体做法是将十进制数不断乘 2,取出整数,一直乘到积为 0 止(有时乘积永远不会为零,则按精度要求,只取有限位即可)。最先取出的数作高位,后得到的作低位,依次排列。这种方法可概括为"乘 2 取整,从高位到低位书写"。

例 1-4　将$(0.6825)_{10}$转换为二进制数。

解:

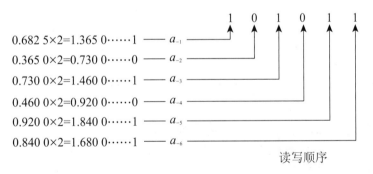

所以$(0.6825)_{10}=(0.101011)_2$。

如精度不够,还可继续求$a_{-7},a_{-8},\cdots$。

如要求转换为八进制数和十六进制数,可利用八进制数和十六进制数与二进制数的对应关系。对本例有

$(0.6825)_{10}=(0.101011)_2=$
$\qquad\qquad(0.\ 101\quad\ 011)_2=(0.53)_8=$
$\qquad\qquad\quad\ \ \downarrow\qquad\ \ \downarrow$
$\qquad\qquad\quad\ \ 5\qquad\ \ 3$
$\qquad\qquad(0.\ 1010\quad 1100)_2=(0.AC)_{16}$
$\qquad\qquad\quad\ \ \downarrow\qquad\ \ \downarrow$
$\qquad\qquad\quad\ \ A\qquad\ C$

1.2.3 码 制

在数字系统中,由 0 和 1 组成的二进制数码不仅可以表示数值的大小,而且还可以表示数值的信息。这种具有特定含义的数码称为二进制代码。编码是给二进制数组定义特定含义的过程,例如用二进制数来描述电梯动作,可以用二进制数 $D=D_1D_0$ 来表示,$D=00$ 表示停止,$D=01$ 表示上升,$D=10$ 表示下降。这些关系的定义可以有多种方法,一旦定义后,D 的不同值就代表了不同的含义。在日常生活中编码的种类很多,如运动员的编号、学生的学号和住房门牌号等。

由于十进制数码(0~9)不能在数字电路中运行,所以需要转换为二进制数。常用 4 位二进制数进行编码来表示 1 位十进制数。这种用二进制代码表示十进制数的方法称为二-十进制编码,简称 BCD(Binary Coded Decimal system)码。

由于 4 位二进制代码可以有 16 种不同的组合形式,用来表示 0~9 十个数字,只用到其中 10 种组合,因而编码的方式很多,其中一些比较常用,如 8421 码、5421 码、2421 码、余 3 码等。常用的 BCD 编码如表 1-1 所列。

表 1-1 常用的 BCD 编码

十进制数码	BBCD 码				
	8421 码	5421 码	2421 码	余 3 码(无权码)	格雷码(无权码)
0	0000	0000	0000	0011	0000
1	0001	0001	0001	0100	0001
2	0010	0010	0010	0101	0011
3	0011	0011	0011	0110	0010
4	0100	0100	0100	0111	0110
5	0101	1000	1011	1000	0111
6	0110	1001	1100	1001	0101
7	0111	1010	1101	1010	0100
8	1000	1011	1110	1011	1100
9	1001	1100	1111	1100	1000

1. 8421 码

8421 码是最简单、最自然、使用最多的一种编码,它用四位二进制数码表示一位十进制数,该四位二进制数码从左至右各位的权值分别为 8,4,2,1,故称为 8421 码。它是一种有权码。

2. 5421 码和 2421 码

这两种编码也是有权码,由高到低权值依次为 5,4,2,1 和 2,4,2,1。在 2421 码中,0 和 9,1 和 8,2 和 7,3 和 6,4 和 5,两两之间互为反码,将其中一个数的各位代码取反,便可以得到另一个数的代码。

3. 余 3 码

这种代码所组成的 4 位二进制数恰好比它表示的十进制数多 3,因此称为余 3 码。余 3 码不能由各位二进制的权来决定其代表的十进制数,故属于无权码。在余 3 码中,0 和 9,1 和 8,2 和 7,3 和 6,4 和 5 也互为反码。

4. 格雷码

如果任意相邻的两组代码仅仅只有一位不同,则这种编码叫做格雷码。格雷码是无权码。

格雷码并不唯一,表 1-1 中所列是一种典型的格雷码。计数电路按格雷码计数时,每次状态更新仅有一位代码变化,减少了出错的可能性,格雷码也有利于提高电路的可靠性和速度。

另外,为了提高数字电路传递代码的可靠性,还采用其他一些编码方法。常用的有余 3 循环码、步进码、奇偶校验码等。

1.3 逻辑代数的基本概念

1.3.1 逻辑函数和逻辑变量

所谓逻辑,就是因果关系的规律性。一般人们称决定事物的因素(原因)为逻辑变量(logic variables),而称被决定事物的结果为由逻辑变量表示的逻辑函数(logic function)。

逻辑代数是描述客观事物逻辑关系的数学方法。它是英国数学家乔治·布尔在 1847 年首先提出来的,所以又称布尔代数。在逻辑代数中,逻辑变量一般用字母 $A,B,C,D,\cdots,X,Y,Z$ 等来表示,取值只有两个:1 和 0。这里的 1 和 0 不表示数量的大小,只表示变量(事物)的两种对立状态,称为逻辑状态。如在用开关控制灯的逻辑事件中,可以用 1 和 0 表示开关的闭合和断开、灯的亮和灭。因此,通常把 1 称为逻辑 1(1 状态),把 0 称为逻辑 0(0 状态)。

1.3.2 三种基本逻辑运算

用逻辑变量表示输入,逻辑函数表示输出,结果与条件之间的关系称为逻辑关系。基本的逻辑关系有三种:与、或、非。与之相应,逻辑代数中有三种基本运算:与、或、非运算。

1. 与逻辑(与运算)

当决定一件事情的所有条件全部具备之后,这件事才会发生,这种因果关系称为与逻辑。

例如在图 1-3 所示的电路中,只有开关 A 与 B 全部闭合时,灯 Y 才会亮。显然对灯亮来说,开关 A 与开关 B 闭合是"灯亮"的全部条件。所以,Y 与 A 和 B 的关系就是与逻辑的关系。

功能表(function table):把开关 A、开关 B 和灯 Y 的状态对应关系列在一起,所得到的就是反映电路基本逻辑关系的功能表,如表 1-2 所列。

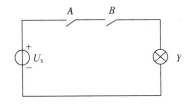

图 1-3 与逻辑电路实例

表 1-2 与逻辑功能表

开关 A	开关 B	灯 Y
断	断	灭
断	合	灭
合	断	灭
合	合	亮

真值表(truth table):用逻辑 1 和逻辑 0 分别表示开关和电灯有关状态的过程,称为状态赋值。通常把结果发生和条件具备用逻辑 1 表示,结果不发生和条件不具备用逻辑 0 表示。如果用 1 表示开关 A、开关 B 闭合,0 表示开关断开,1 表示灯 Y 亮,0 表示灯 Y 灭,则根据表 1-2 就可列出反映与逻辑关系的真值表,如表 1-3 所列。

上述逻辑变量的与逻辑关系可以表示为

$$Y = A \cdot B$$

读作 Y 等于 A 与 B。式中,"·"是与逻辑的运算符号,在不致混淆的情况下,常常可省去不写。与逻辑又称为逻辑乘。

表 1-3 与逻辑真值表、逻辑符号及逻辑规律

真值表			逻辑符号	逻辑规律
A	B	Y		
0	0	0	A —[&]— Y	有 0 出 0
0	1	0	B —	全 1 出 1
1	0	0		
1	1	1		

2. 或逻辑(或运算)

在决定一件事情的所有条件中,只要有一个条件具备,这件事就会发生,这样的因果关系称为或逻辑。

例如在图 1-4 所示的电路中,只要开关 A 或开关 B 有一个合上,灯 Y 就会亮。或逻辑的真值表、逻辑符号及逻辑规律如表 1-4 所列。

上述两个变量的或逻辑可以表示为

$$Y = A + B$$

读作 Y 等于 A 或 B。式中,"+"表示或运算,即逻辑加法运算。因此或逻辑又称为逻辑加。

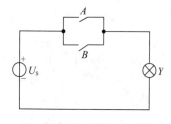

图 1-4 与逻辑电路实例

表 1-4 或逻辑真值表、逻辑符号及逻辑规律

真值表			逻辑符号	逻辑规律
A	B	Y		
0	0	0	A —[≥1]— Y	有 1 出 1
0	1	1	B —	全 0 出 0
1	0	1		
1	1	1		

3. 非逻辑

非就是反,就是否定。只要决定一事件的条件具备了,这件事便不会发生;而当此条件不具备时,事件一定发生,这样的因果关系称为逻辑非,也就是非逻辑。

在图 1-5 所示的电路中,开关 A 闭合($A=1$)时,灯 Y 灭($Y=0$);开关 A 断开($A=0$)时,灯 Y 亮($Y=1$)。非逻辑的真值表、逻辑符号及逻辑规律如表 1-5 所列。

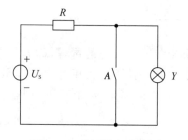

图 1-5 非逻辑电路实例

表 1-5 非逻辑真值表、逻辑符号及逻辑规律

真值表		逻辑符号	逻辑规律
A	Y		
0	1	A —[1]o— Y	进 0 出 1
1	0		进 1 出 0

上述关系可表示为

$$Y = \overline{A}$$

读作 Y 等于 A 非,或者 Y 等于 A 反。A 上面的一横就表示非或反。这种运算称为逻辑非运算,或者称逻辑反运算。

上面介绍的三种基本逻辑关系可以用一些电子电路来实现,这些电路统称为门电路。能够实现与逻辑运算的电路称为与门(AND gate),能够实现或逻辑运算的电路称为或门(OR gate),能够实现非逻辑运算的电路称为非门(NOT gate)。

1.3.3 常用的复合逻辑函数

在工程实际应用中,逻辑问题比较复杂,因此在数字逻辑电路中常常命名一些具有复合逻辑函数功能的门电路。含有两种或两种以上逻辑运算的逻辑函数称为复合逻辑函数。

表 1-6 列出了常用的复合逻辑门的名称、逻辑功能、逻辑符号及逻辑函数表达式。工程技术人员要熟悉这些常用的复合逻辑函数的逻辑符号以及它们的逻辑函数表达式。

表 1-6 常用的复合逻辑函数

逻辑门名称	逻辑功能	逻辑符号	逻辑函数表达式
与非门	与非		$Y = \overline{AB}$
或非门	或非		$Y = \overline{A+B}$
与或非门	与或非		$Y = \overline{AB+CD}$
异或门	异或		$Y = A \oplus B = \overline{A}B + A\overline{B}$
同或门	同或		$Y = A \odot B = AB + \overline{A}\,\overline{B}$

表 1-6 中,与非逻辑是由与运算和非运算组合而成的,运算顺序是先与后非;或非逻辑是由或运算和非运算组合而成,运算顺序是先或后非;与或非逻辑是由与运算、或运算、非运算组合而成,运算顺序为"先与再或最后非"。

1.3.4 逻辑函数的表示方法及相互转换

1. 逻辑函数的表示方法

逻辑函数可以有多种表示方法,如真值表、逻辑表达式、逻辑图、卡诺图、时序图(波形图)等,它们各有特点,在实际工作中需要根据具体情况选用。

(1)真值表

N 个输入变量可组合成 2^N 中不同取值,把变量的全部取值组合和相应的函数值一一对应地列在表格中即为真值表。它具有直观明了的优点。在许多数字集成电路手册中,常常以真值表的形式给出器件逻辑功能。

(2) 逻辑表达式

逻辑表达式是由三种基本运算把各个变量联系起来表示逻辑关系的数学表达式,书写简洁方便,便于通过逻辑代数进行化简或变换。

(3) 逻辑图

将逻辑函数的对应关系用对应的逻辑符号表示,就可以得到逻辑图。由于逻辑符号通常有相对应的逻辑器件,因此,逻辑图也称逻辑电路图。

逻辑函数表达式和逻辑图都不是唯一的,可以有不同的形式。逻辑函数的其他表示方法,如卡诺图、时序图、波形图等,将在后面介绍。

2. 各种表示方法间的相互转换

(1) 真值表与逻辑函数表达式的相互转换

1) 由真值表写出逻辑函数表达式

由真值表写出逻辑函数表达式的方法是:将真值表中每一组函数值 Y 为 1 的输入变量都写成一个乘积项。在这些乘积项中,输入变量取值为 1,用原变量表示;取值为 0,用反变量表示。将这些乘积项相加,就得到了逻辑函数表达式。

2) 由逻辑函数表达式列出真值表

由逻辑函数表达式列出真值表的方法是:将输入变量的各种可能取值代入逻辑函数表达式中运算,求出函数的值,并对应地填入表中,即可得到真值表。

例 1-5 已知真值表如表 1-7 所列,试写出对应的逻辑函数表达式。

解:由真值表可见,只有当输入变量 A,B 取值不同时,输出变量 Y 才为 1。按上述转换方法,可写出逻辑函数表达式为

$$Y = \overline{A}B + A\overline{B}$$

(2) 逻辑函数表达式与逻辑图的相互转换

1) 根据逻辑函数表达式画出逻辑图

由逻辑函数表达式画出逻辑图的方法是:用逻辑符号代替逻辑函数表达式中的逻辑运算符号,并正确连接起来,所得到的电路图即为逻辑图。

2) 由逻辑图写出逻辑函数表达式

由逻辑图写出逻辑函数表达式的方法是:从输入到输出逐级写出逻辑图中每个逻辑符号所表示的逻辑函数式,就可以得到对应的逻辑函数表达式。

例 1-6 已知逻辑函数表达式为 $Y = \overline{A}B + A\overline{B}$,画出对应的逻辑图。

解:将式中所有与、或、非的运算符号用逻辑符号代替,按照运算优先顺序正确连接起来,就可以画出图 1-6 所示的逻辑图。

表 1-7 例 1-5 的真值表

A	B	Y
0	0	0
0	1	1
1	0	1
1	1	0

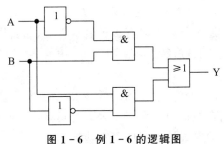

图 1-6 例 1-6 的逻辑图

1.3.5 逻辑代数的基本公式和定律

逻辑代数是研究逻辑电路的数学工具,它为分析和设计逻辑电路提供了方便。根据三种基本逻辑运算,可推导一些基本公式和定律,形成一些运算规则。掌握并熟练运用这些规则,对于逻辑电路的分析和设计十分重要。

1. 逻辑代数的基本公式

(1) 常量和常量之间的关系

$$0 \cdot 0 = 0, \quad 0 \cdot 1 = 0, \quad 1 \cdot 1 = 1$$
$$0 + 0 = 0, \quad 0 + 1 = 1, \quad 1 + 1 = 1$$
$$\overline{0} = 1, \quad \overline{1} = 0$$

(2) 变量和常量之间的关系

$$A + 0 = A, \quad A \cdot 1 = A$$
$$A + 1 = 1, \quad A \cdot 0 = 0$$
$$A + \overline{A} = 1, \quad A \cdot \overline{A} = 0$$

(3) 与普通代数相似的定律

交换律
$$A + B = B + A, \quad A \cdot B = B \cdot A$$

结合律
$$(A+B)+C = A+(B+C) = (A+C)+B, \quad (A \cdot B) \cdot C = A \cdot (B \cdot C) = (A \cdot C) \cdot B$$

分配律
$$A \cdot (B+C) = AB + AC, \quad A + B \cdot C = (A+B) \cdot (A+C)$$

(4) 逻辑代数的一些特殊定理

重叠律
$$A + A = A, \quad A \cdot A = A$$

反演律[德·摩根(DeMorgan)定理]
$$\overline{A+B} = \overline{A} \cdot \overline{B}, \quad \overline{A \cdot B} = \overline{A} + \overline{B}$$

还原律
$$\overline{\overline{A}} = A$$

(5) 一些常用公式

公式一 $\qquad AB + A\overline{B} = A$

公式二 $\qquad AB + A\overline{B} = A$

公式三 $\qquad A + \overline{A}B = A + B$

证: $\qquad A + \overline{A}B = (A + \overline{A})(A+B) =$
$$1(A+B) =$$
$$A + B$$

这个公式说明,在一个与或表达式中,如果一个乘积项的反是另一个乘积项的因子,那么这个因子就是多余的。

公式四 $\qquad AB + \overline{A}C + BC = AB + \overline{A}C$

证：
$$AB+\overline{A}C+BC = AB+\overline{A}C+(A+\overline{A})BC =$$
$$AB+\overline{A}C+(AB)C+(\overline{A}C)B =$$
$$AB(1+C)+\overline{A}C(1+B) =$$
$$AB+\overline{A}C$$

公式五
$$AB+\overline{A}C+BCD = AB+\overline{A}C$$

证：
$$AB+\overline{A}C+BCD = AB+\overline{A}C+BC+BCD =$$
$$AB+\overline{A}C+BC =$$
$$AB+\overline{A}C$$

公式四和公式五说明，若两个乘积项中一项包含了原变量A，另一项包含了反变量$\overline{A}$，而这两项的其余因子又构成了第三个乘积项，或者构成了第三个乘积项的因子，则第三个乘积项可消去。

2. 逻辑代数的三个法则

(1) 代入法则

在任何一个逻辑等式中，如果将等式两边的某一变量都代入相同逻辑函数，则等式仍然成立，这个规律称为代入规则。

例如，已知等式$\overline{A+B}=\overline{A}\cdot\overline{B}$，若用$Y=A+C$代替等式中的$A$，根据代入规则等式仍然成立，即

$$\overline{A+C+B} = \overline{(A+C)}\cdot\overline{B} = \overline{A}\cdot\overline{B}\cdot\overline{C}$$

可见，利用代入规则可以扩大上述公式的应用范围。

(2) 反演规则

对任何一个逻辑函数Y，只要把式中所有的"·"换为"+"，"+"换为"·"，0换为1，1换为0，原变量换为反变量，反变量换为原变量，所得到的新函数即为原函数的反函数，这个规则称为反演规则。

例 1-7 求Y_1和Y_2的反函数。

① $Y_1 = \overline{A}B+A\overline{B}C+CD$

② $Y_2 = (A+\overline{B}\cdot\overline{C\cdot D})\cdot\overline{E}$

解：按反演规则可直接写出Y_1和Y_2的反函数

$$\overline{Y_1} = (A+\overline{B})\cdot(\overline{A}+B+\overline{C})\cdot(\overline{C}+\overline{D})$$

$$\overline{Y_2} = \overline{A}\cdot(B+\overline{\overline{C}+D})+E$$

在反演过程中，注意遵守两个原则：① 对不是一个变量的非号应保持不变。② 运算先后次序不变。

(3) 对偶规则

对任何一个逻辑函数表达式，如将式中的"·"换为"+"，"+"换为"·"，"0"换为"1"，"1"换为"0"，所得到的逻辑函数式是原来逻辑函数式的对偶式，记作F'。

对偶规则：若两个逻辑函数式相等，则它们的对偶式也相等。

例 1-8 求$Y=A\cdot(B+\overline{C})$的对偶式。

解：
$$Y' = A+B\cdot\overline{C}$$

利用对偶规则可以减少公式的证明。例如,分配律为 $A(B+C)=AB+AC$,求这一公式两边的对偶式,则有分配律 $A+BC=(A+B)(A+C)$ 也成立。

由此可见,利用对偶定理,可以使证明和记忆的公式数目减少一半。

1.4 逻辑函数的化简

用数字电路实现逻辑函数时,希望表达式越简单越好,因为简单的表达式可以使逻辑图也简单,从而节省元器件,降低成本。因此,设计逻辑电路时,逻辑函数的化简成为必不可少的重要环节。

1.4.1 逻辑函数表达式的类型和最简式的含义

1. 表达式的类型

一个逻辑函数,其表达式的类型是多种多样的。人们常按照逻辑电路的结构不同,把表达式分成 5 类:与-或、或-与、与非-与非、或非-或非、与-或-非。

例如:$Y=AB+\overline{A}C=$ 与-或

$\overline{\overline{AB+\overline{A}C}}=\overline{\overline{AB}\cdot\overline{\overline{A}C}}=$ 与非-与非

$\overline{(\overline{A}+B)\cdot(A+C)}=\overline{A}\overline{B}+A\overline{C}=$ 与-或-非

$\overline{A\overline{B}+A\overline{C}}=\overline{A\overline{B}}\cdot\overline{A\overline{C}}=(\overline{A}+B)(\overline{A}+C)=$ 或-与

$\overline{(\overline{A}+B)(A+C)}=\overline{(\overline{A}+B)}+\overline{(A+C)}=$ 或非-或非

上述 5 种表达式彼此之间是相通的,可以利用逻辑代数的公式和法则进行转换。其中与-或表达式比较常见,逻辑代数的基本公式大都以与-或形式给出,而且与-或式比较容易转换为其他表达式形式。

2. 最简与-或表达式

所谓最简与-或表达式,是指乘积项的个数是最少的,而且每个乘积项中变量的个数也是最少的与-或表达式。这样的表达式逻辑关系更明显,而且便于用最简的电路加以实现(因为乘积项最少,则所用的与门最少;而每个乘积项中变量的个数最少,则每个与门的输入端数也最少),所以化简有其实用意义。

1.4.2 逻辑函数的公式化简法

公式化简法,其实质就是反复使用逻辑代数的基本公式和定理,消去多余的乘积项和每个乘积项中的多余因子,从而得到最简表达式。公式化简法没有固定的方法可循,与掌握公式的熟练程度和运用技巧有关。

化简时常采用的方法有以下几种。

1. 并项法

利用公式 $AB+A\overline{B}=A$,将两项合并为一项,消去一个因子。

例 1-9 化简 $Y=A\overline{BC}+A\overline{\overline{B}C}$

解: $Y=A(\overline{BC}+\overline{\overline{B}C})=A$

2. 吸收法

利用公式 $A+AB=A$，将多余的乘积项 AB 吸收掉。

例 1-10 化简 $\quad Y=ABC+ABC(D+EF)$

解： $\quad Y=ABC[1+(D+EF)]=ABC$

3. 消去法

利用公式 $A+\overline{A}B=A+B$，消去乘积项中的多余因子 $\overline{A}$；

利用公式 $AB+\overline{A}C+BC=AB+\overline{A}C$，消去多余项 BC。

例 1-11 化简函数

$$Y_1=AB+\overline{A}C+\overline{B}C, \quad Y_2=AB\overline{C}+\overline{A}D+CD+BD+BDE$$

解：

$$Y_1=AB+(\overline{A}+\overline{B})C=$$
$$AB+\overline{AB}C=$$
$$AB+C$$
$$Y_2=AB\overline{C}+(\overline{A}+C)D+BD(1+E)=$$
$$AB\overline{C}+\overline{A}\,\overline{C}D+BD=$$
$$AB\overline{C}+\overline{A}\,\overline{C}D=$$
$$AB\overline{C}+(\overline{A}+C)D=$$
$$AB\overline{C}+\overline{A}D+CD$$

4. 配项法

利用将某些乘积项变成两项，然后再与其他项合并化简。

利用 $A=A(B+\overline{B})$ 或 $A\cdot\overline{A}=0$，在原函数表达式中将某些乘积变成两项重复乘积项，或互补项，然后同其他项合并化简。

例 1-12 化简 $\quad Y=ABC+\overline{A}BC+AB\overline{C}+A\overline{B}C$

解： $\quad Y=ABC+\overline{A}BC+ABC+A\overline{B}C=$

$$BC(A+\overline{A})+AC(B+\overline{B})=$$
$$AC+BC$$

例 1-13 化简 $Y=AD+A\overline{D}+AB+\overline{A}C+BD+ACEF+\overline{B}EF+DEFG$

解：① 将 $AD+A\overline{D}$ 合并成 A，得

$$Y=A+AB+\overline{A}C+BD+ACEF+\overline{B}EF+DEFG$$

② 由 A 将 $AB, ACEF$ 两项吸收，得

$$Y=A+\overline{A}C+BD+\overline{B}EF+DEFG$$

③ 由 A 消去 $\overline{A}C$ 中的因子 $\overline{A}$，得

$$Y=A+C+BD+\overline{B}EF+DEFG$$

④ 由上式可以看出，$DEFG$ 是多余项，故

$$F=A+C+BD+\overline{B}EF$$

1.4.3 逻辑函数的卡诺图化简法

用公式法化简逻辑函数要求熟练地掌握公式，并具备一定的化简技巧，而且，有时化简的

结果是否为最简形式也不好确定。下面介绍另一种化简方法,即卡诺图化简法。它是由美国工程师卡诺(Karnaugh)首先提出来的,所以把这种图形叫做卡诺图。卡诺图比较直观简捷,利用它可以方便地化简逻辑函数。

1. 逻辑函数的最小项

(1) 最小项的定义

在逻辑函数表达式中,如果一个乘积项包含了所有的输入变量,而且每个变量都是以原变量或反变量的形式出现一次,且仅出现一次,该乘积项就称为最小项。

例如,ABC 三变量的最小项共有 8 个,分别是 $\overline{A}\,\overline{B}\,\overline{C}$,$\overline{A}\,\overline{B}C$,$\overline{A}B\,\overline{C}$,$\overline{A}BC$,$A\,\overline{B}\,\overline{C}$,$A\,\overline{B}C$,$AB\,\overline{C}$,$ABC$。它们都含三个变量,而每个变量都以原变量或反变量形式在一个乘积项中出现一次,故共有 $2^3=8$ 个。同理,四变量的最小项有 $2^4=16$ 个;n 变量的最小项有 2^n 个。

(2) 最小项的编号

为了表示方便,常常对最小项进行编号。例如三变量最小项 $\overline{A}\,\overline{B}\,\overline{C}$,把它的值为 1 所对应的变量取值组合 000 看作二进制数,相当于十进制数 0,作为该最小项的编号,记作 m_0。以此类推,$\overline{A}\,\overline{B}C=m_1$,$\overline{A}B\,\overline{C}=m_2\cdots$。表 1-8 已列出了各最小项的编号。

表 1-8 三变量逻辑函数的最小项及其相应编号

变量			对应的最小项	最小项编号
A	B	C		
0	0	0	$\overline{A}\,\overline{B}\,\overline{C}$	m_0
0	0	1	$\overline{A}\,\overline{B}C$	m_1
0	1	0	$\overline{A}B\,\overline{C}$	m_2
0	1	1	$\overline{A}BC$	m_3
1	0	0	$A\,\overline{B}\,\overline{C}$	m_4
1	0	1	$A\,\overline{B}C$	m_5
1	1	0	$AB\,\overline{C}$	m_6
1	1	1	ABC	m_7

(3) 最小项的性质

根据最小项的定义,不难证明最小项具有以下性质:

① 每一个最小项都对应了一组变量取值,只有该组取值出现时其值才会为 1。
② 任意两个不同的最小项乘积恒为 0。
③ 全部最小项之和恒为 1。

(4) 最小项表达式

任何一个逻辑函数均可以表示成若干个最小项之和的形式,这样的逻辑函数表达式称为最小项表达式。

例 1-14 将逻辑函数 $Y=(A,B,C)=A\overline{B}+AC$ 展开成最小项之和的形式。

解:在 $A\overline{B}$ 和 AC 中分别乘以 $(C+\overline{C})$ 和 $(B+\overline{B})$ 可得到

$$Y=A\overline{B}+AC=A\overline{B}(C+\overline{C})+AC(B+\overline{B})=$$
$$A\overline{B}C+A\overline{B}\,\overline{C}+ABC+A\overline{B}C=$$
$$A\overline{B}C+A\overline{B}\,\overline{C}+ABC=$$
$$m_5+m_4+m_7=$$
$$\sum m(4,5,7)$$

式中求和符号 $\sum$ 表示括号中指定最小项的或运算。

例 1-15 将 $Y=(A,B,C)=\overline{\overline{AB}+\overline{A}\,\overline{B}+C}+AB$ 化为最小项表达式。

解：
$$Y=\overline{\overline{AB}+\overline{A}\,\overline{B}+C}+AB=$$
$$\overline{\overline{AB}\cdot\overline{\overline{A}\,\overline{B}}}\,\overline{C}+AB=$$
$$(\overline{A}+\overline{B})(A+B)\overline{C}+AB=$$
$$(\overline{A}B+A\overline{B})\overline{C}+AB(C+\overline{C})=$$
$$\overline{A}B\overline{C}+A\overline{B}\,\overline{C}+ABC+AB\overline{C}=$$
$$m_2+m_4+m_7+m_6=$$
$$\sum m(2,4,6,7)$$

2. 逻辑函数的卡诺图

（1）卡诺图的画法规则

n 个逻辑变量可以组成 2^n 个最小项。在这些最小项中，如果两个最小项仅有一个因子不同，而其余因子均相同，则称这两个最小项为逻辑相邻项。为表示最小项之间的逻辑相邻关系，美国工程师卡诺设计了一种最小项方格图。他把逻辑相邻项安排在相邻的方格中，按此规律排列起来的最小项方格图成为卡诺图。

n 个变量的逻辑函数由 2^n 个小方格组成。图 1-7 给出了二变量、三变量和四变量卡诺图的画法。

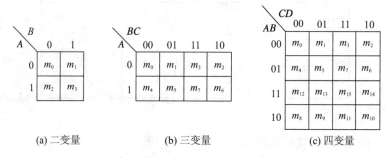

(a) 二变量　　　　(b) 三变量　　　　(c) 四变量

图 1-7　卡诺图画法

在画卡诺图时，应遵循如下规定：

① 将 n 变量函数填入一个分割成 2^n 个小方格的矩形图中，每个最小项占一格，方格的序号和最小项的序号一致，由方格左边和上边二进制代码的数值确定。

② 卡诺图要求上下、左右相对的边界、四角等相邻格只允许一个变量发生变化（即相邻最小项只有一个变量取值不同）。

（2）用卡诺图表示逻辑函数

既然任何一个逻辑函数都可以表示为若干个最小项之和的形式，那么也就可以用卡诺图来表示逻辑函数。实现用卡诺图来表示逻辑函数的一般步骤是：

① 先将逻辑函数化成最小项表达式；

② 在相应变量卡诺图中标出最小项，把式中所包含的最小项在卡诺图相应小方格中填1，其余的方格填上0(或不填)。

例 1-16 画出函数 $Y=AB+CA$ 的卡诺图。

解：首先将 Y 化成最小项表达式，即

$$Y=AB(C+\overline{C})+CA(B+\overline{B})=$$
$$ABC+AB\overline{C}+ABC+A\overline{B}C=$$
$$ABC+AB\overline{C}+A\overline{B}C=$$
$$m_7+m_6+m_5=$$
$$\sum m(5,6,7)$$

把 Y 的最小项用 1 填入三变量卡诺图中，其余填 0（或不填）便可得如图 1-8 所示的卡诺图。

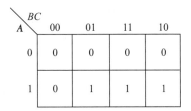

图 1-8 例 1-16 函数的卡诺图

3. 用卡诺图化简逻辑函数

(1) 最小项的几何相邻和逻辑相邻

卡诺图的最大特点是用几何相邻形象地表示了变量各个最小项之间在逻辑上的相邻性。凡是在图中几何相邻的最小项，在逻辑上都是相邻的。

逻辑相邻就是指两个最小项中除一个变量的形式不同外，其他变量都相同。例如图 1-9(a) 中，$m_0=A\overline{B}C$ 与 $m_1=ABC$ 只有 B 不同，公式法化简可知，$Y=A\overline{B}C+ABC=AC$。把 m_0，m_1 用一个圈圈起来，合并成一项 AC，可以消去变量 B，这个圈称为卡诺圈。同样，图 1-9(b)，(c) 也可进行相应化简，消去变量 B 和 A。

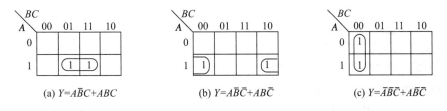

(a) $Y=A\overline{B}C+ABC$ (b) $Y=A\overline{B}\overline{C}+AB\overline{C}$ (c) $Y=\overline{A}\overline{B}\overline{C}+A\overline{B}\overline{C}$

图 1-9 两个相邻最小项的合并举例

图 1-10 给出了三变量和四变量函数中，4 个相邻项用卡诺圈合并为一项，消去两个变量的例子。

由图 1-10 可知，用卡诺圈圈起来的 4 个方格能组成一个方格群（图 1-10(a)，(c)，(e)，(f)）（如把卡诺图"绕卷"成圆柱面，可以看出两侧或者是四角实际上也是逻辑相邻的），或者组成一行（见图 1-10(b)，(d)）。

图 1-11 所示为 8 个相邻项的合并举例。它们可以是两个相邻行、相邻列，或者对称的两行或两列。

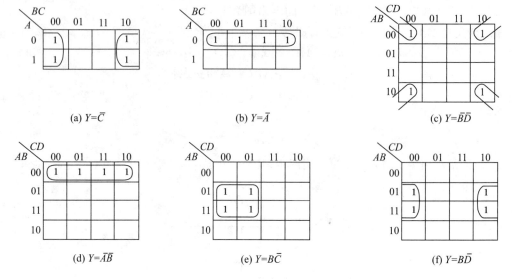

图 1-10　4 个相邻最小项的合并举例

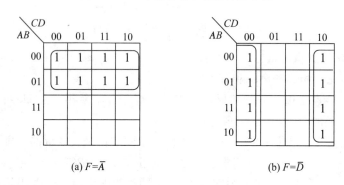

图 1-11　8 个相邻项合并举例

由上述可知，卡诺圈所圈方格的个数为 2^n，即 2 个、4 个、8 个……所圈图形构成方形（或矩形）。2^n 个最小项合并成一项时可以消去 n 个变量。如 $2^2=4$ 个小方格合并时可消去 2 个变量；$2^3=8$ 个小方格合并成一项时可消去 3 个变量；若将卡诺图中所有的小方格都用卡诺圈圈起来，化简结果为 1。

(2) 用卡诺图化简逻辑函数的步骤

① 画（逻辑函数的）卡诺图。

② 画卡诺圈，即用卡诺圈包围 2^n 个为 1 的方格群，合并最小项，写出乘积项。

③ 写表达式。先按照留同去异原则写出每个卡诺圈的乘积项，再将所有卡诺圈的乘积项加起来，即为化简后的与或表达式。

利用卡诺图进行逻辑函数化简时，应遵循以下原则：

① 卡诺圈越大越好。合并最小项时，包围的最小项越多，消去的变量就越多，化简结果就越简单。

② 卡诺圈的个数越少越好，这样化简后的乘积项就少。

③ 不能漏项。必须把组成函数的全部最小项都圈完。

例 1-17　用卡诺图化简函数 $Y(A,B,C,D)=\sum m(1,5,6,7,11,12,13,15)$。

解：① 先将函数 Y 填入四变量卡诺图中，如图 1-12 所示。

② 画卡诺圈，从图 1-12 中看出，包含 m_5, m_7, m_{13}, m_{15} 的卡诺圈虽然最大，但它不是独立的，这 4 个最小项已被其他 4 个卡诺圈圈过了。

③ 提取每个卡诺圈的公因子构成乘积项，然后将这些乘积项相加，得到化简后的逻辑函数为

$$Y = \overline{A}BC + ACD + \overline{A}\,\overline{C}D + AB\overline{C}$$

例 1-18 用卡诺图化简函数

$$Y = ABC + ABD + ACD + \overline{C}\,\overline{D} + A\overline{B}\,C + AC\overline{D} + \overline{A}\,\overline{B}\,\overline{C}\,\overline{D} + \overline{A}BCD$$

解：① 先将函数 Y 填入四变量卡诺图，如图 1-13 所示。

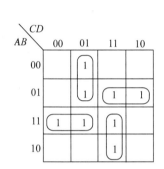

图 1-12 例 1-17 的卡诺图化简

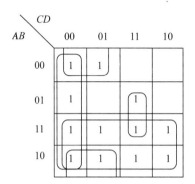

图 1-13 例 1-18 的卡诺图化简

② 画卡诺圈。

③ 提取每个卡诺圈的公因子作乘积项，将这些乘积项相加，就可得到化简后的逻辑函数为

$$Y = \overline{C}\,\overline{D} + \overline{B}\,\overline{C} + A + BCD$$

4. 具有无关项的逻辑函数的化简

实际的数字系统中，有的输出逻辑函数只和一部分有对应关系，而和余下的最小项无关。余下的最小项无论写入函数式还是不写入函数式，都无关紧要，不影响系统的逻辑功能。把这些最小项称为无关项。

无关项包含两种情况：一种是由于逻辑变量之间具有一定的约束关系，使有些变量的取值不可能出现，它所对应的最小项恒等于 0，通常称为约束项；另一种是某些变量取值下，函数值是 1 还是 0 皆可，并不影响电路的功能，这些变量取值下所对应的最小项称为任意项。本节重点讨论由于约束关系而形成的无关项，即约束项。

例 1-19 一个计算机操作码形成电路，三个输入信号为 A, B, C，输出操作码为 Y_1, Y_0。当 $A=1$ 时，输出加法操作码 01；$B=1$ 时，输出减法操作码 10；$C=1$ 时，输出乘法操作码 11；$A=B=C=0$，输出停机码 00。要求电路在任何时刻只产生一种操作码，所以不允许输入信号 A, B, C 中有两个或两个以上同时为 1，即 ABC 取值只可能是 000,001,010,100 中的一种，不能出现其他取值。可见，A, B, C 是一组具有约束的变量，后面四种最小项不允许出现，因此约束条件可以写为

$$\overline{A}BC = 0, \quad AB\overline{C} = 0, \quad A\overline{B}C = 0, \quad ABC = 0$$

或写为

$$\overline{A}BC + AB\overline{C} + A\overline{B}C + ABC = 0$$

这些恒等于 0 的最小项即为约束项。

既然约束项的值恒等于 0,所以在输出函数表达式中,既可以写入约束项,也可以不写入约束项,都不影响函数值。如果用卡诺图表示该逻辑函数,在约束项对应的方格中,既可填入 1,也可填入 0。为此,通常填入"×"来表示约束项。

为简化逻辑函数最小项表达式,最小项可用编号来表示,因此约束项也可用相应的编号来表示。如上例,约束项可写为 $\sum d(3,5,6,7) = 0$。

化简具有约束项的函数,关键是如何利用约束项。约束项对应的函数值既可视为 1,也可视为 0,可根据需要将"×"看作 0 或 1,力求使卡诺圈最大,从而结果最简。

例 1-20 化简逻辑函数 $Y = \sum m(1,7,8) + \sum d(3,5,9,10,12,14,15)$。

解:① 画出函数 Y 的卡诺图,如图 1-14 所示。

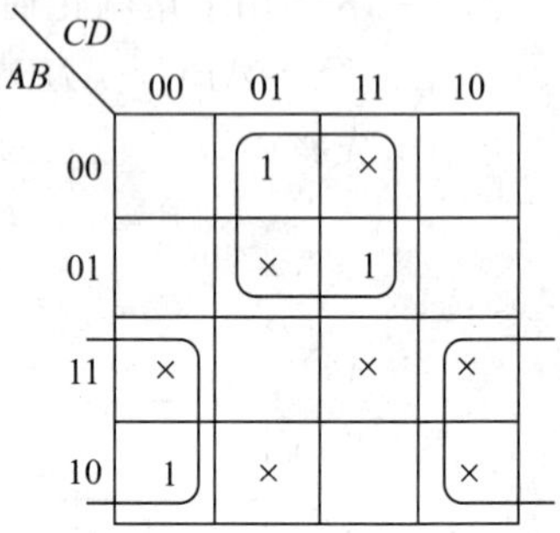

② 画卡诺圈。画卡诺圈时可以把"×"包括在里面,但并不需要把所有的"×"全部用卡诺圈圈起来。

③ 提取公因子,写出最简与或表达式为

$$Y = \overline{A}D + A\overline{D}$$

图 1-14 例 1-20 的卡诺图

由此例可以看出,利用无关项以后,可以使逻辑函数得到进一步的化简。

本章小结

本章介绍了数字电路的有关基础知识,主要内容有:数制和码制、基本逻辑运算、逻辑代数的基本公式和定律、逻辑函数的表示方法及相互转换、逻辑函数的化简方法。

1. 数字信号是指时间上和数值上都是断续变化的离散信号。处理数字信号的电路称为数字电路。

2. 数的常用进制有十进制、二进制、八进制和十六进制。在数字电路中主要采用二进制数。

3. 逻辑变量是一种二值量,反映的是两种不同状态,常用 0 和 1 表示。与、或、非、与非、或非、与或非、异或等是基本的逻辑运算和逻辑函数。逻辑代数的基本公式和定律是化简逻辑函数的依据,必须掌握并能熟练运用。

4. 逻辑函数可有多种表达形式:真值表、逻辑表达式、逻辑图、卡诺图等。它们的本质是相通的,可以互相转换。应用中要根据不同需要合理选用。尤其是从真值表到逻辑图和从逻辑图到真值表的转换必须熟练掌握。逻辑表达式和逻辑图都不是唯一的,可以有不同的形式。

5. 逻辑函数化简方法是本章的重点。本章介绍了两种化简方法——公式化简法和卡诺图化简法。

公式法化简的优点是不受条件的限制,适用于任何复杂的逻辑函数,特别是变量多的逻辑函数化简。但是,其技巧性较高,难度较大。

卡诺图化简的优点是简单,直观,且有一定的化简方法可循,故使用较多。但当变量增多时显得复杂,所以一般多用于五变量以下的逻辑函数化简。

习　题

1. 将下列各式写成按位权展开式。

　　$(2010)_{10}$，　　$(110110)_2$，　　$(56B)_{16}$

2. 完成下列数制转换：

① $(25)_8 = ($　　　$)_2$

② $(37)_{10} = ($　　　$)_2 = ($　　　$)_8 = ($　　　$)_{16}$

3. 把十进制数 345,3 132,5 988 编成 8421BCD 码。

4. 利用逻辑代数的基本公式、定理证明下列等式：

① $(A+B)(B+C)(C+A) = AB+BC+CA$

② $AB+\overline{A}C+\overline{B}C = AB+C$

③ $(A+B+C)(\overline{A}+\overline{B}+\overline{C}) = A\,\overline{B}+B\,\overline{C}+C\,\overline{A}$

④ $AB+A\,\overline{B}+\overline{A}B+\overline{A}\,\overline{B} = 1$

⑤ $A\,\overline{B}+BD+CDE+\overline{B}D = A\,\overline{B}+D$

5. 用代数法化简下列函数：

① $Y = \overline{A}\,\overline{B}\,\overline{C}+A+B+C$

② $Y = \overline{\overline{A}+\overline{AB+\overline{B}}}$

③ $Y = \overline{\overline{A+B+C+D+E+F} \cdot C}$

④ $Y = A(\overline{AC}+BD)+B(C+DE)+B\,\overline{C}$

6. 用卡诺图化简下列函数：

① $Y = A+AB+ABC$

② $Y = A+ACD+B\,\overline{C}+CD$

③ $Y = AB+\overline{A}C+\overline{B}C$

④ $Y = AD+B(C+D)+B\,\overline{C}$

⑤ $Y = \sum m(4,5,7,8,10,12,14,15)$

⑥ $Y = \sum m(0,1,2,3,8,9,10,11)$

⑦ $Y(A,B,C,D) = \sum m(3,4,5,6,7,8,9,13,14,15)$

⑧ $Y(A,B,C,D) = \sum m(0,1,4,7,9,10,13) + \sum d(2,5,8,12,15)$

⑨ $Y = \sum m(2,4,5) + \sum d(3,10,12,15)$

⑩ $Y = \sum m(0,1,5,7,8,11,14) + \sum d(3,9,15)$

第 2 章　组合逻辑电路

根据数字电路的特点,按照逻辑功能的不同,数字电路可分为两种类型:一类是组合逻辑电路,简称组合电路;另一类是时序逻辑电路,简称时序电路。

前面学习了基本逻辑门,而在实际应用时,大多是这些逻辑门的组合形式。例如,计算机系统中使用的编码器、译码器、数据分配器等就是较复杂的组合逻辑电路。而组合逻辑电路通常使用集成电路产品。无论是简单的还是复杂的组合门电路,它们都遵循各组合门电路的逻辑函数因果关系。本章主要讨论分立元件门电路、TTL 集成门电路、MOS 门电路,并在此基础上介绍组合逻辑电路的分析与设计方法、常用组合逻辑电路芯片及应用。

2.1　逻辑门电路

2.1.1　分立元件门电路

1. 正逻辑与负逻辑

在逻辑电路中,用 1 表示高电平 H,而用 0 表示低电平 L,则称之为正逻辑;与此相反,用 0 表示高电平 H,而用 1 表示低电平 L,则称之为负逻辑。

对于同一电路,可以采用正逻辑,也可以采用负逻辑。由于数字逻辑电路中大量使用正电源,用正逻辑较方便;若采用负电源,则使用负逻辑较方便。本书如无特殊说明,一律采用正逻辑体制。

设某一逻辑元件,它的输入变量为 A、B,输出变量为 Y,高电平用 H 表示,低电平用 L 表示,工作状态如表 2-1 所列。

在正逻辑中,设 H 为 1,L 为 0,可得表 2-2。从表 2-2 可以看出,这是一个与逻辑关系,即

$$Y = A \cdot B$$

在负逻辑中,设 H 为 0,Y 为 1,可得表 2-3。从表 2-3 可以看出,这是一个或逻辑关系,即

$$Y = A + B$$

从上例可以看出,对于同一个电路,由于采用不同的逻辑,其功能是不同的。正逻辑是与门,而负逻辑则是或门。

表 2-1　工作状态 1

A	B	Y
L	L	L
L	H	L
H	L	L
H	H	H

表 2-2　工作状态 2

A	B	Y
0	0	0
0	1	0
1	0	0
1	1	1

表 2-3　工作状态 3

A	B	Y
1	1	1
1	0	1
0	1	1
0	0	0

要把一种逻辑变换为另一种逻辑的方法是 0 和 1 对换。常用的逻辑门在正、负逻辑中的对应关系如表 2-4 所列。

表 2-4 常用的逻辑门在正、负逻辑中的对应关系

正逻辑	与	或	与非	或非	异或	同或	非
负逻辑	或	与	或非	与非	同或	异或	非

2. 二极管与门电路

实现"与"逻辑关系的电路叫做与门电路。由二极管组成的与门电路如图 2-1(a)所示，图 2-1(b)为其逻辑符号。图中 A、B 为信号的输入端，Y 为信号的输出端。当输入 A、B 中有一个或全部为低电平时，则输入为低电平支路中的二极管导通，输入为高电平支路中的二极管反偏而截止，输出 Y 为低电平。当输入 A、B 全为高电平时，输出 Y 才为高电平。

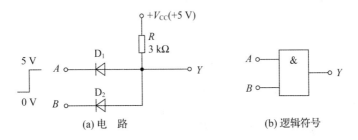

图 2-1 二极管与门电路

当 $A=0$ $B=0$ 时，D_1、D_2 均导通，$Y=0$；
当 $A=0$ $B=1$ 时，D_1 先导通，使 D_2 截止，$Y=0$；
当 $A=1$ $B=0$ 时，D_2 先导通，使 D_1 截止，$Y=0$；
当 $A=1$ $B=1$ 时，D_1、D_2 均截止，$Y=1$。

由上述分析可知，该电路实现的是与逻辑关系，即"输入有低，输出为低；输入全高，输出为高"，所以它是一种与门，即 $Y=A \cdot B$。

3. 二极管或门电路

实现或逻辑关系的电路叫做或门电路。由二极管组成的或门电路如图 2-2 所示，其功能分析如下。当输入 A、B 中只要有一个以上为高电平，则接高电平支路中的二极管导通，接低电平支路中的二极管反偏而截止，输出 Y 为高电平。只有当输入 A、B 全为低电平时，输出 Y 才为低电平。

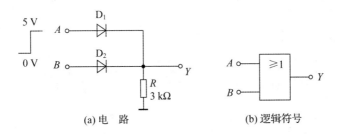

图 2-2 二极管或门

当 $A=0$ $B=0$ 时，D_1、D_2 均导通，$Y=0$；

当 $A=0$ $B=1$ 时，D_2 先导通，使 D_1 截止，$Y=1$；

当 $A=1$ $B=0$ 时，D_1 先导通，使 D_2 截止，$Y=1$；

当 $A=1$ $B=1$ 时，D_1，D_2 均导通，$Y=1$。

通过上述分析，该电路实现的是或逻辑关系，即"输入有高，输出为高；输入全低，输出为低"，所以它是一种或门，即 $Y=A+B$。

4．三极管非门电路

（1）电路组成

实现非逻辑关系的电路叫做非门电路。因为它的输入与输出之间是反相关系，故又称为反相器，三极管非门电路如图 2-3 所示。加负电源 V_{BB} 是为了保证 A 为低电平时，三极管 V 能够可靠地截止，加 V_Q 和二极管 D 的作用主要是使输出高电平为规定值。

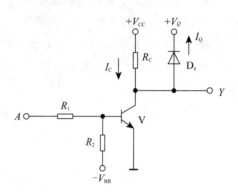

图 2-3 三极管非门电路

（2）工作原理

当输入 A 为高电平时，如适当选择 R_1，R_2 的数值，使三极管有足够大的基极电流而饱和，则输出电位等于三极管的饱和压降，约 0.3 V。当输入为低电平时，负电源 V_{BB} 通过 R_1，R_2 分压，使基极处于负电位，三极管因发射结反偏而可靠截止，由于 $V_{CC}>V_Q$ 使 V_2 导通，所以输出电位被钳制在 V_Q。

当 $A=0$ 时，三极管截止，$Y=1$；

当 $A=1$ 时，三极管饱和，$Y=0$；

逻辑关系：$Y=\overline{A}$。

（3）动态特性

晶体管从饱和到截止和从截止到饱和都是需要时间的，称为开关时间。由于晶体管本身的开关时间和负载电容的存在，即使输入矩形波，输出信号也要滞后且边沿会变坏，如图 2-4 所示。增加钳位电路和在 R_1 两端并联电容有利于改善输出波形。

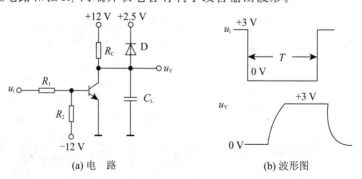

(a) 电　路　　　　　　　(b) 波形图

图 2-4 非门的动态特性

5．常用基本逻辑门电路及其符号

常用基本逻辑门电路输入/输出关系及其符号如下。

(1) 与　门

与门的逻辑关系为

$$F=ABC$$

与门的输入变量可以是多个,实现的逻辑为"有 0 为 0,全 1 为 1"。

与门的符号如图 2-5 所示。

图 2-5 中,图 2-5(a)为新国家标准(GB 4728.12-1996)符号;图 2-5(b)为国内曾用的符号(SJ 1223-77 标准);图 2-5(c)为国外常用符号(MIL-STD-806 标准),其他门电路的符号与此类同,不再一一说明。

(2) 或　门

或门的逻辑关系为

$$F=A+B+C$$

或门的输入变量可以是多个,或门的逻辑意义为"有 1 为 1,全 0 为 0"。或门的符号如图 2-6 所示。

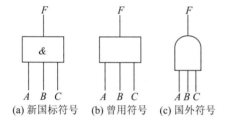

图 2-5　与门逻辑符号

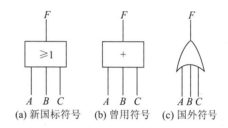

图 2-6　或门逻辑符号

(3) 非　门

非门的逻辑关系为

$$F=\overline{A}$$

非门的输入变量只有一个,非门的逻辑意义为"入 1 出 0,入 0 出 1"。

非门的逻辑符号如图 2-7 所示。

(4) 与非门

与非门的逻辑关系为

$$F=\overline{ABC}$$

与非门的输入变量可以是多个,与非门的逻辑意义为"有 0 出 1,全 1 出 0"。与非门的逻辑符号如图 2-8 所示。

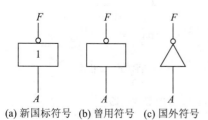

图 2-7　非门逻辑符号

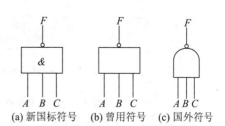

图 2-8　与非门逻辑符号

(5) 或非门

或非门的逻辑关系为

$$F=\overline{A+B+C}$$

或非门的输入变量可以是多个,或非门的逻辑意义为"有1出0,全0出1"。

或非门的逻辑符号如图2-9所示。

(6) 异或门

异或门的逻辑关系为

$$F=A\oplus B$$

异或门的输入变量是两个,异或门的逻辑功能为"相异为1,相同为0"。

异或门的逻辑符号如图2-10所示。

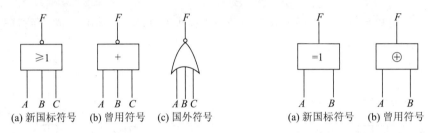

图2-9 或非门逻辑符号   图2-10 异或门逻辑符号

2.1.2 TTL集成逻辑门

集成逻辑门电路是把逻辑电路的元件和连线都集成在一块半导体基片上。如果是以三极管为主要元件,输入端和输出端都是三极管结构,则称为三极管-三极管逻辑门电路,简称TTL门电路。

1. TTL与非门

(1) 电路组成

图2-11是典型的TTL与非门电路。其中,V_1和R_1组成输入级;V_2,R_2和R_3组成中间级;V_3,V_4,V_5和R_4,R_5构成输出级。

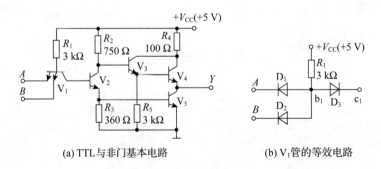

(a) TTL与非门基本电路   (b) V_1管的等效电路

图2-11 基本TTL与非门电路及V_1管的等效电路

(2) 工作原理

① 当A、B两端有一个输入为低电平0.3 V时,V_1的发射结导通,其基极电压等于输入

低电压加上发射结正向压降,即

$$U_{B1}=(0.3+0.7)\text{V}=1\text{ V}$$

所以 V_2,V_5 都截止,由于 V_2 截止,V_{CC} 通过 R_2 向 V_3 提供基极电流而使 V_3,V_4 导通,所以输出电压为

$$U_Y=V_{CC}-I_{B3}R_2-U_{BE3}-U_{BE4}$$

由于 I_{B3} 很小,可以忽略不计,所以 $U_Y=(5-0.7-0.7)\text{V}=3.6\text{ V}$,输出电压为 3.6 V,即输出 Y 为高电平,实现了"输入有低,输出为高"的逻辑关系。

② 当 A、B 两端均输入高电平 3.6 V 时,V_2、V_5 饱和导通,输出为低电平,即

$$u_o \approx U_{CES} \approx 0.3\text{ V}$$

V_1 处于发射结和集电结倒置使用的放大状态。

$$u_{C2}=U_{CES2}+u_{B5}=(0.3+0.7)\text{V}=1.0\text{ V}$$

由于 $u_{B4}=u_{C2}=1.0\text{ V}$,作用于 V_3 和 V_4 的发射结的串联支路的电压为

$$u_{C2}-u_o=(1.0-0.3)\text{V}=0.7\text{ V}$$

所以,V_3 和 V_4 均截止。此时,电路实现了"输入全高,输出为低"的逻辑关系。

综上所述,可知该电路的逻辑功能为

$$F=\overline{ABC}$$

2. 集电极开路门和三态门

(1) 集电极开路门(OC门)

1) 电路组成及符号

电路组成及符号如图 2-12 所示。集电极开路与非门是将推拉式输出级改为集电极开路的三极管结构,做成集电极开路输出的门电路,简称为 OC 门。在实际应用中,有时希望门电路输出的高电平大于 3.6 V,也有时希望门电路的输出端并联使用,实现逻辑与的功能,称为线与。这时,就要采用集电极开路与非门,如图 2-12(a)所示。

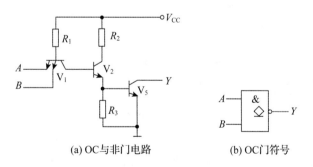

(a) OC与非门电路　　　(b) OC门符号

图 2-12　OC 与非门的电路和图形符号

2) 工作原理

将 OC 门输出连在一起时,再通过一个电阻接外电源,可以实现"线与"逻辑关系。只要电阻的阻值和外电源电压的数值选择得当,就能做到既保证输出的高、低电平符合要求,而且输出三极管的负载电流又不至于过大。两个 OC 门并联时的连接方式如图 2-13 所示。

3) 应　用

OC 门除了可以实现多门的线与逻辑关系外,还可用于直接驱动较大电流的负载,如继电

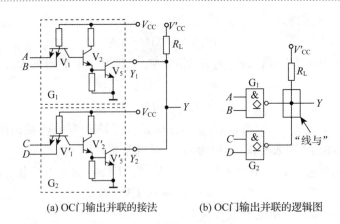

(a) OC门输出并联的接法　　　(b) OC门输出并联的逻辑图

图 2-13　OC门输出并联的接法及逻辑图

器、脉冲变压器、指示灯等,也可以用来改变 TTL 电路输出的逻辑电平,以便与逻辑电平不同的其他逻辑电路相连接。

(2) 三态门

1) 电路组成及符号

电路组成及符号如图 2-14 所示。

三态门是在普通门的基础上加控制端 EN,它的输出端 Y 除了能输出高电平和低电平外,还可以输出第三种状态,即高阻抗状态,所以称为三态门,也称 TS 门。

一个简单的三态门的电路如图 2-14(a)所示,图 2-14(b)所示为它的逻辑符号,它是由一个与非门和一个二极管构成的,EN 为控制端,A、B 为数据输入端。

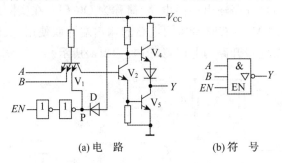

(a) 电　路　　　　(b) 符　号

图 2-14　三态与非门电路

2) 工作原理

图 2-15 所示电路中,当 EN=1 时电路为工作状态,所以称为控制端高电平有效。三态门的控制端也可以是低电平有效,即 EN 为低电平时,三态门为工作状态;EN 为高电平时,三态门为高阻状态。其电路图及逻辑符号如图 2-15 所示。

3) 应用

三态门的应用比较广泛,下面举例说明三态门的 3 种应用。电路图如图 2-16 所示。

① 构成数据总线。将多路信号按顺序分时轮流传送,即用一根导线轮流传送多个不同的数据,这根导线称为数据总线。在图 2-16(a)中,只要让各个三态门的控制端分时轮流为低电平,即任何时刻只有一个三态门处于工作状态,其余的处于高阻态,这时数据总线就会分时

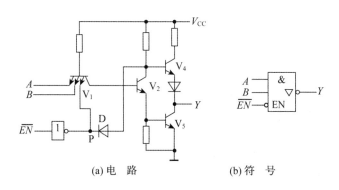

(a) 电 路　　　　(b) 符　号

图 2-15　控制端为低电平有效的三态门

接受各个三态门的输出。用总线传送数据的方法,在计算机和数字电路中得到广泛的应用。

② 用作多路开关。图 2-16(b)中,两个 TS 反相器,当 $E=0$ 时,门 G_2 工作,门 G_1 禁止, $Y=\overline{B}$;当 $E=1$ 时,门 G_1 工作,门 G_2 禁止, $Y=\overline{A}$ 。 G_1, G_2 构成两个开关,可以根据需要决定将 A 或 B 反相后传送到输出端。

③ 用于双向传输。图 2-16(c)中,两个 TS 反相器反并联,构成双向开关,用于信号双向传输。当 $E=0$ 时,门 G_2 工作,门 G_1 禁止,信号向左传输, $A=\overline{B}$;当 $E=1$ 时,门 G_1 工作,门 G_2 禁止,信号向右传输, $B=\overline{A}$ 。

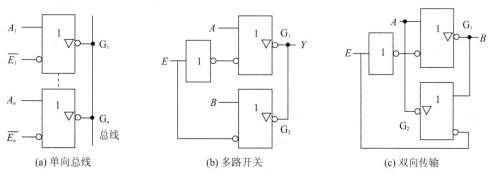

(a) 单向总线　　　　(b) 多路开关　　　　(c) 双向传输

图 2-16　三态门的应用

3. TTL 集成逻辑门的使用

(1) TTL 组件的统一规定

因为各种 TTL 组件都遵循电源为 +5 V,采用正逻辑,高电平为 2.4~5 V,低电平为 0~0.4 V 等统一规定,所以不管它们的集成规模是否一样,系列是否相同,都可以直接连接,在一个系统中工作,称它们是相容的。但当 TTL 组件和其他形式的电路连接时,情况就不同了。例如 TTL 和 MOS 电路或分立元件电路连接时,由于它们是不相容的,就不能直接连接,中间需要经过电平转换电路,即接口电路。

(2) 焊接与安装知识

TTL 组件的焊接虽和分立元件没有多大差别,但由于其体积小,引线距离近,因此在焊接时要严防焊点过大而把相邻的引线短连。TTL 电路外引线一般已经镀金,切勿刮去金属。不要使用焊油,一般使用松香酒精溶液当助焊剂即可。焊接时以使用 25 W 以下的烙铁为宜,最好将烙铁头锉成小斜面。焊接时间不宜过长,否则容易把引线金属层破坏,造成焊接不良。

(3) 调试方面的知识

正常使用时的电源电压应在 4.75~5.25 V 范围内;注意不要超过 7 V,否则电路易损坏。输入高电平不要高于 6 V,输入低电平不要低于 -0.7 V。输出高电平时,输出端不能碰地;输出为低电平时,输出端不能碰 $+5$ V 电源。

(4) 多余输入端的处理方法

集成与非门在使用时,对多余的输入端一般不采用悬空的办法,以防止干扰信号从悬空的输入端引入。对多余输入端的处理以不改变电路工作状态及稳定可靠为原则,常用的有两种方法。一是接到电源正端,好处是不增加信号的驱动电流;不足之处是工作容易受电源波动的影响。二是并联使用,好处是即使并联的输入端有一个损坏,也不会影响输入/输出间的逻辑关系,从而提高了组件的工作可靠性;不足之处是增加了信号的驱动电流。

(5) 输入端不足的处理方法

一般与非门的输入端不超过 5 个,当电路实际需要超过 5 个时,可采用下述办法解决:选用多输入端组件;利用扩展器扩展;由组合门电路来扩展输入端。实用中许多类型集成与非门均有扩展端,除与扩展器外,还有或扩展器。要注意的是,并不是任意与非门组件都可以带与扩展器和或扩展器。因为与非门也有不带扩展器的,而且各引出线的部位也不相同,所以必须弄清与非门的型号才能使用。另外,在实际工作中,由于受各种条件限制,上述这些办法并不是都能采用的。例如在维修中,当选用已损坏组件的代用品时,就必须选用输入端数充足的组件;若用后两种办法,就必须增加组件的块数,一般来说原设备是无法安置的。

(6) 输出端使用的注意事项

输出端不允许与电源或地直接短路,而且输出电流也应小于产品中介绍的最大推荐值。除三态输出或集电极开路输出外,其他门电路输出端不允许并联使用,以免输出高电平的器件对输出低电平的器件产生过大的负载电流。

(7) 关于 TTL 器件的产品

TTL 器件的典型产品为 54 族(军用品)和 74 族(民用品)两大类。根据器件性能的不同又分为以下几类:

通用系列	54/74XX
高速系列	54/74FXX
低功耗肖特基系列	54/74LSXX
肖特基系列	54/74SXX
先进肖特基系列	54/74ASXX
先进低功耗肖特基系列	54/74ALSXX

上述系列中 XX 表示产品型号,各种产品系列只要型号相同,则其逻辑功能和引脚排列也就完全相同。

(8) 其他注意事项

电源端与接地端的引脚不能颠倒使用;不可在电源接通时插入、拔出器件,以免造成电流冲击而损坏器件。

2.1.3 CMOS 集成门电路

用 P 沟道增强型 MOS 管和 N 沟道增强型 MOS 管按照互补对称形式连接构成的集成电路,称为互补型 MOS 集成电路,简称 CMOS 电路。

TTL 电路是以三极管为基础,属于双极型电路。MOS 电路是以 MOS 管为基础,属于单极型电路。CMOS 电路的工作速度可与 TTL 电路相比较,而它的功耗和抗干扰能力则远优于 TTL 电路。几乎所有的超大规模存储器件以及 PLD 器件都采用 CMOS 工艺制造,且费用较低。下面介绍几种 CMOS 门电路。

1. CMOS 非门电路

(1) 电路组成

电路如图 2-17(a)所示,其中 V_N 为增强型 NMOS 管,作为驱动管;V_P 为增强型 PMOS 管,作为负载管。两管栅极相连作为输入端,漏极相连作为输出端。V_N 管源极接地,V_P 管源极接电源正极。

(2) 工作原理

当输入为低电平时,V_N 管截止,V_P 管导通,输出为高电平,其值近似为电源电压。当输入为高电平时,V_N 管导通,V_P 管截止,输出为低电平。可见,该电路实现了非逻辑关系,即 $Y=\overline{A}$。

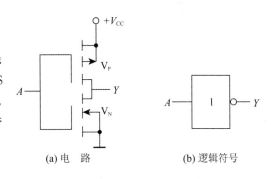

图 2-17 CMOS 非门电路

由上面分析可知,无论电路处于哪一种工作状态,总是一个管子导通,另一个管子截止。因此,静态电流近似为零,电路的功耗很小。

2. CMOS 与非门

(1) 电路组成

电路如图 2-18 所示,其中 NMOS 管 V_{N1},V_{N2} 串联作驱动管;PMOS 管 V_{P1},V_{P2} 并联作为负载管。

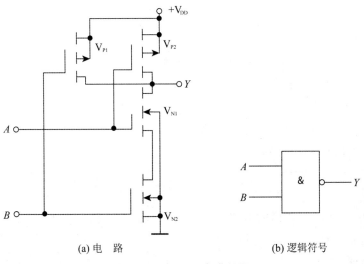

图 2-18 CMOS 与非门图

(2) 工作原理

只有当输入 A,B 全为高电平,V_{N1},V_{N2} 都导通时,输出为低电平。若 A,B 当中有一个为低电平,V_{N1},V_{N2} 有一个截止时,输出为高电平。

当 $A=0,B=0$ 时,V_{N1},V_{N2} 截止。

当 $A=0,B=1$ 时,V_{N1} 截止,V_{P2} 饱和导通,输出 Y 为高电平。

当 $A=1,B=0$ 时,V_{N2} 截止,V_{P1} 饱和导通,输出 Y 为高电平。

当 $A=1,B=1$ 时,V_{N1},V_{N2} 饱和导通。

可见,该电路实现了与非逻辑关系,即 $Y=\overline{AB}$。

如果把多只 NMOS 管串联,再把数量相同的 PMOS 管并联,并按图所示那样加以连接,就可以构成多输入端 CMOS 与非门。

3. CMOS 或非门

(1) 电路组成

电路如图 2-19 所示,其中 V_{N1},V_{N2} 为 NMOS 驱动管;V_{P1},V_{P2} 为 PMOS 负载管。

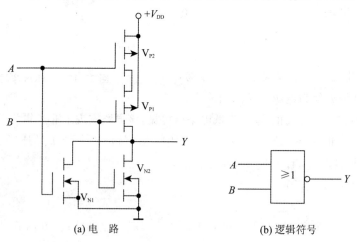

(a) 电　路　　　　(b) 逻辑符号

图 2-19　CMOS 或非门

(2) 工作原理

当 $A=0,B=0$ 时,V_{N1},V_{N2} 截止,V_{P1},V_{P2} 导通,输出 $Y=1$。

当 $A=0,B=1$ 时,V_{N2} 截止,V_{P1} 导通,输出 $Y=0$。

当 $A=1,B=0$ 时,V_{N1} 截止,V_{P2} 导通,输出 $Y=0$。

当 $A=1,B=1$ 时,V_{N1},V_{N2} 导通,V_{P1},V_{P2} 截止,输出 $Y=0$。

可见,该电路实现了或非逻辑关系,即 $Y=\overline{A+B}$。

4. CMOS 三态门

(1) 电路组成

图 2-20 为 CMOS 三态门的电路图和逻辑符号。A 为信号输入端,EN 为三态控制端。图中 V_{N1},V_{P1} 构成反向器,V_{N2},V_{P2} 作为控制开关。

(2) 工作原理

当 EN 输入端为低电平时,V_{N2},V_{P2} 均导通,输入/输出之间实现非门功能,即当 $A=0$ 时,

$Y=1$；$A=1$ 时，$Y=0$。

当 EN 输入端为高电平时，V_{N2}，V_{P2} 均截止，无论 $A=1$ 或 0，输出 Y 均为高阻状态。

5. MOS 集成电路使用注意事项

① MOS 集成电路在存放和运输时，为了防止栅极感应高电压而击穿栅极，必须将组件用铝箔包好，放于屏蔽盒内。

② 对 MOS 集成电路进行测试时，一切测试仪表和被测电路本身必须有良好的接地，以免由于漏电造成组件的栅极击穿。

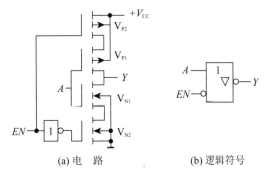

(a) 电路　　　(b) 逻辑符号

图 2 - 20　CMOS 三态门

③ 多余输入端不应悬空，因为这样做会招致不必要的干扰，破坏组件的正常功能；严重的还会在栅极感应出很高的电压，造成栅极击穿，损坏组件。多余输入端的处理方法一是按逻辑功能的要求将多余的输入端接到适当的逻辑电平上去；二是将多余输入端并联使用。

④ 输出端一般不允许并联使用，不允许直接接电源，否则将导致器件损坏。

⑤ 焊接时，最好用 25 W 内热式电烙铁，并将烙铁外壳接地，以防止烙铁带电而损坏芯片。

⑥ MOS 集成电路之间的连线应尽量短，由于分布电容、分布电感的影响，过长可能产生寄生振荡，严重时会损坏芯片。

⑦ MOS 数字集成电路的种类很多，有 NMOS，CMOS 等。各类芯片所使用的电源及表达 0 和 1 的电平各不相同，在电路中，常常需要和分立元件、TTL 电路以及其他类型 MOS 电路混合使用，这时应使用正确的接口电路。

2.2　组合逻辑电路

2.2.1　组合逻辑电路的基本概念

1. 组合逻辑电路的定义

组合逻辑电路是指在任一时刻，电路的输出状态仅取决于该时刻各输入状态的组合，而与电路的原状态无关的逻辑电路。其特点是输出状态与输入状态呈即时性，电路无记忆功能。

2. 组合逻辑电路的结构

图 2 - 21 是组合逻辑电路的结构方框图。

图中输入变量设为 $I_0, I_1, \cdots, I_{n-1}$，共有 n 个；输出函数 $Y_0, Y_1, \cdots, Y_{m-1}$，共有 m 个。每个输出函数与输入变量之间有着一定的逻辑关系，可表示为

$$\begin{cases} Y_0 = f_0(I_0, I_1, \cdots, I_{n-1}) \\ Y_1 = f_1(I_0, I_1, \cdots, I_{n-1}) \\ \quad \vdots \\ Y_{m-1} = f_{m-1}(I_0, I_1, \cdots, I_{n-1}) \end{cases}$$

组合逻辑电路的形式多种多样，可以是一些通用的电路结构，如加法器、比较器、编码器、译码器、数据选择器和分配器等，也可以根据需要而设计具有某种特殊功能的电路形式。

图 2-21 组合逻辑电路方框图

2.2.2 组合逻辑电路的分析与设计

1. 组合逻辑电路的分析

组合逻辑电路的分析就是根据给定的逻辑电路图,确定其逻辑功能的步骤,即求出描述该电路的逻辑功能的函数表达式或者真值表的过程。现将组合电路分析方法归纳为以下两种:

第一种适用于比较简单的电路,分析步骤为

① 根据给定电路图写出逻辑函数表达式;

② 简化逻辑函数或者列真值表;

③ 根据最简逻辑函数或真值表描述电路逻辑功能。

第二种适用于较复杂或无法得到逻辑图的电路,分析步骤为

① 根据给定的逻辑图搭接实验电路;

② 测试输出与输入变量各种变化组合之间的电平变化关系,并将其列成表格,得出真值表(或功能表);

③ 根据真值表或功能表描述电路逻辑功能。

下面将对一些实际组合电路进行分析,进一步加深对分析方法的理解和运用。

例 2-1 已知逻辑电路如图 2-22 所示,分析其功能。

解:

第一步:写出逻辑表达式。

$P=\overline{AB}$ $N=\overline{BC}$

$Q=\overline{AC}$ $Y=\overline{P \cdot N \cdot Q}=\overline{\overline{AB} \cdot \overline{BC} \cdot \overline{AC}}$

$Y=AB+BC+AC$

第二步:化成最简表达式。

第三步:列真值表,如表 2-5 所列。

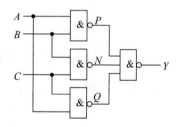

图 2-22 例 2-1 逻辑电路图

表 2-5 例 2-1 的真值表

ABC	AB	AC	BC	Y
000	0	0	0	0
001	0	0	0	0
010	0	0	0	0
011	0	0	1	1
100	0	0	0	0
101	0	1	0	1
110	1	0	0	1
111	1	1	1	1

第四步:逻辑功能的描述。本例从真值表可看出,在三个输入变量中,只要有两个以上变量为1则输出为1,故该电路可概括为:三变量多数表决器。

2. 组合逻辑电路的设计

组合逻辑的设计,就是根据给定的逻辑关系,求出实现这一逻辑关系的最简逻辑电路图,组合电路的一般设计过程粗略地归纳为四个基本步骤,如图2-23所示。

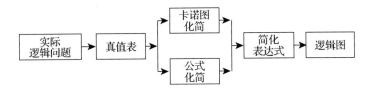

图 2-23 组合电路的设计框图

设计组合逻辑电路步骤如下:

(1) 分析要求

首先,根据给定的设计要求(设计要求可以是一段文字说明,或者是一个具体的逻辑问题,也可能是一张功能表等),分析其逻辑关系,确定哪些是输入变量,哪些是输出函数,以及它们之间的相互关系。然后,用0、1表示输入变量和输出函数的响应状态,称为状态赋值。

(2) 列真值表

根据上述分析和赋值情况,将输入变量的所有取值组合和与之相对应的输出函数值列表,即得真值表。注意,不会出现或不允许出现的输入变量取值组合可以不列出,如果列出,可在相应的输出函数处记上"×"号,化简时可作约束项处理。

(3) 化　简

用卡诺图法或公式法进行化简,得到最简逻辑函数表达式。

(4) 画逻辑图

根据简化后的逻辑表达式画出逻辑电路图。如果对采用的门电路类型有要求,可适当变换表达式形式(如与非、或非、与或非表达式等),然后用对应的门电路构成逻辑图。

设计举例:

例 2-2 试设计一个3人投票表决器,即3人中有2人或3人表示同意,则表决通过;否则为不通过。

解:首先,进行逻辑抽象。关键:

① 弄清楚哪些是输入变量,哪些是输出变量;

② 弄清楚输入变量与输出变量间的因果关系;

③ 对输入、输出变量进行状态赋值。

$A、B、C$是否同意为输入信号,决议是否通过为输出信号。设输入A(或$B、C$)为1表示同意,为0表示不同意;输出Y为1表示决议通过,为0表示决议不通过。

第一步:确定输入、输出变量。

设A,B,C分别代表三人表决的逻辑变量。Y代表表决的结果。

第二步:定义逻辑状态的含义。

设A,B,C为1表示赞成;0表示反对(反之亦然)。

$Y=1$ 表示通过,$Y=0$ 表示被否决。

第三步:列真值表,如表 2-6 所列。

表 2-6 例 2-2 真值表

A	B	C	Y
0	0	0	0
0	0	1	0
0	1	0	0
0	1	1	1
1	0	0	0
1	0	1	1
1	1	0	1
1	1	1	1

第四步:由真值表得出逻辑表达式。

$$Y=\overline{A}BC+A\,\overline{B}C+AB\,\overline{C}+ABC$$

第五步:化简逻辑表达式。

$$Y=BC+AB+AC$$

第六步:画出逻辑电路(用与非门电路实现)。

本例卡诺图如图 2-24 所示,逻辑电路如图 2-25 所示。

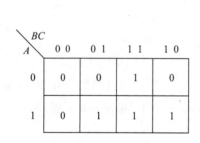

图 2-24 例 2-2 卡诺图

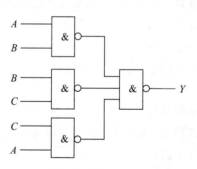

图 2-25 例 2-2 逻辑电路图

2.2.3 加法器和数值比较器

计算机基本的任务之一是算术运算。四则运算的加、减、乘、除可以变换为加法运算。因此,加法器是算术运算的基本单元。加法器分为半加器和全加器两类。

1. 半加器与全加器

(1) 半加器

不考虑低位来的进位时两个一位二进制数相加,称为半加;具有半加功能的电路称为半加器。半加器有两个输入端,分别为加数 A_i 和被加数 B_i,输出也是两个,分别为和数 S_i 和高位进位位 C_{i+1}。其方框图如图 2-26 所示。真值表如表 2-7 所列。

表 2-7 半加器真值表

A	B	S	C_{i+1}
0	0	0	0
0	1	1	0
1	0	1	0
1	1	0	1

从真值表可得函数表达式如下:
$$S_i = \overline{A}_i B_i + A_i \overline{B}_i = A_i \oplus B_i$$
$$C_{i+1} = A_i B_i$$

从函数表达式可画出逻辑电路如图 2-27 所示。

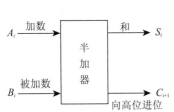

图 2-26　半加器逻辑框图

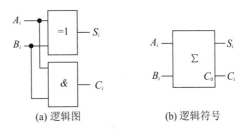

图 2-27　半加器的逻辑框图和逻辑符号

（2）全加器

两个本位的数 A_i 和 B_i 相加时,若还要考虑从低位来的进位位的加法,则称为全加;实现全加功能的电路称为全加器。其框图如图 2-28 所示。

① 列真值表。首先从全加器的功能分析,确定输入变量有三个分别为 A_i, B_i, C_{i-1}。其中 C_{i-1} 为低位送来的进位位。输出变量有两个,分别为 S_i, C_i,按二进制加法规则可得出真值表,如表 2-8 所列。

表 2-8　全加器真值表

A_i	B_i	C_{i-1}	S_i	C_{i+1}
0	0	0	0	0
0	0	1	1	0
0	1	0	1	0
0	1	1	0	1
1	0	0	1	0
1	0	1	0	1
1	1	0	0	1
1	1	1	1	1

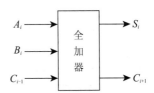

图 2-28　全加器逻辑框图

② 进行函数化简。由真值表写出逻辑表达式如下:
$$S_i = \overline{A}_i \overline{B}_i C_{i-1} + \overline{A}_i B_i \overline{C}_{i-1} + A_i \overline{B}_i \overline{C}_{i-1} + A_i B_i C_{i-1}$$
$$C_i = \overline{A}_i B_i C_{i-1} + A_i \overline{B}_i C_{i-1} + A_i B_i \overline{C}_{i-1} + A_i B_i C_{i-1}$$

经逻辑推演,可得下面两式:
$$S_i = A_i \oplus B_i \oplus C_{i-1}$$
$$C_i = (A_i \oplus B_i) C_{i-1} + A_i B_i$$

③ 选定逻辑门,画出逻辑电路如图 2-29 所示。

当要实现两个四位二进制数相加时,可采用四位全加器。其进位的方式有两种:一种是串行进位,即每位的进位送给下一位的进位输入端;另一种为并行进位,即每位的进位位由最低位同时产生,可见串行进位中因高位的运算要等待低位的运算完成之后才能进行,因此,速度较慢,但结构简单。并行进位速度提高了,电路结构较为复杂。

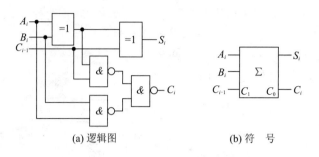

(a) 逻辑图　　　　(b) 符　号

图 2-29　全加器的逻辑图和符号

2. 比较器

用来将两个同样位数的二进制数 A、B 进行比较,并能判别其大小关系的逻辑器件,叫做数码比较器。比较有 $A>B$、$A<B$、$A=B$ 三种结果。参与比较的两个数码可以是二进制数,也可以是 BCD 码表示的十进制数或其他类数码。

(1) 一位比较器

设 A,B 是两个 1 位二进制数,比较结果为 E,H,L。E 表示 $A=B$,H 表示 $A>B$,L 表示 $A<B$,E,H,L 三者同时只能有一个为 1,即 E 为 1 时,H 和 L 为 0;H 为 1 时,E 和 L 为 0;L 为 1 时,H 和 E 为 0。一位比较器的真值表如表 2-9 所列。从真值表可以看出其逻辑关系为

$$E=\overline{A}\overline{B}+AB=\overline{\overline{\overline{A}\overline{B}}\cdot\overline{AB}}=\overline{(A+B)(\overline{A}+\overline{B})}=\overline{A\overline{B}+\overline{A}B}=\overline{A\oplus B}$$
$$H=A\overline{B}$$
$$L=\overline{A}B$$

图 2-30 所示为一位比较器电路。

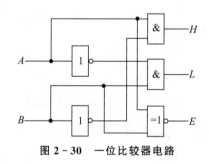

表 2-9　一位比较器真值表

输入	输出		
AB	E	H	L
00	1	0	0
01	0	0	1
10	0	1	0
11	1	0	0

图 2-30　一位比较器电路

(2) 多位比较器

多位比较的规则是从高位到低位逐位比较。若最高位 $A_n>B_n$,则可判定 $A>B$,$H=1$;若 $A_n<B_n$,则 $A<B$,$L=1$;若 $A_n=B_n$,则比较次高位 A_{n-1} 和 B_{n-1},若 $A_{n-1}>B_{n-1}$,则 $A>B$,$H=1$;若 $A_{n-1}<B_{n-1}$,则 $A<B$,$L=1$;若 $A_{n-1}=B_{n-1}$,则比较下一位……

现以中规模集成四位比较器 ST046 为例。ST046 可以对 4 位二进制数 $A_4A_3A_2A_1$ 和 $B_4B_3B_2B_1$ 进行比较,比较结果为 $H(A>B)$,$L(A<B)$,$E(A=B)$。为了能用于更多位数的比较,ST046 还增加了 H',L',E' 三个控制输入端,称为比较器扩展端。

当 ST046 用于四位数码比较时,要将 H',L' 接地,E' 接 +5 V,即 $H'=L'=0$,$E'=1$。

ST046 的真值表如表 2-10 所列。

表 2–10 ST046 真值表

比较输入				串联输入			输 出		
A_4B_4	A_3B_3	A_2B_2	A_1B_1	H'	L'	E'	H	L	E
$A_4>B_4$	×	×	×	×	×	×	1	0	0
$A_4<B_4$	×	×	×	×	×	×	0	1	0
$A_4=B_4$	$A_3>B_3$	×	×	×	×	×	1	0	0
$A_4=B_4$	$A_3<B_3$	×	×	×	×	×	0	1	0
$A_4=B_4$	$A_3=B_3$	$A_2>B_2$	×	×	×	×	1	0	0
$A_4=B_4$	$A_3=B_3$	$A_2<B_2$	×	×	×	×	0	1	0
$A_4=B_4$	$A_3=B_3$	$A_2=B_2$	$A_1>B_1$	×	×	×	1	0	0
$A_4=B_4$	$A_3=B_3$	$A_2=B_2$	$A_1<B_1$	×	×	×	0	1	0
$A_4=B_4$	$A_3=B_3$	$A_2=B_2$	$A_1=B_1$	1	0	0	1	0	0
$A_4=B_4$	$A_3=B_3$	$A_2=B_2$	$A_1=B_1$	0	1	0	0	1	0
$A_4=B_4$	$A_3=B_3$	$A_2=B_2$	$A_1=B_1$	0	0	1	0	0	1
$A_4=B_4$	$A_3=B_3$	$A_2=B_2$	$A_1=B_1$	×	×	1	0	0	1
$A_4=B_4$	$A_3=B_3$	$A_2=B_2$	$A_1=B_1$	1	1	0	0	0	0
$A_4=B_4$	$A_3=B_3$	$A_2=B_2$	$A_1=B_1$	0	0	0	1	1	0

由真值表可以看出其逻辑表达式为

$$H=A_4\overline{B_4}+A_3\overline{B_3}C_4+A_2\overline{B_2}C_4C_3+A_1\overline{B_1}C_4C_3C_2+C_4C_3C_2C_1H'$$

$$L=\overline{A_4}B_4+\overline{A_3}B_3C_4+\overline{A_2}B_2C_4C_3+\overline{A_1}B_1C_4C_3+C_4C_3C_2C_1L'$$

$$E=C_4C_3C_2C_1E'$$

式中

$$C_4=\overline{A_4\oplus B_4},\quad C_3=\overline{A_3\oplus B_3},\quad C_2=\overline{A_2\oplus B_2},\quad C_1=\overline{A_1\oplus B_1}$$

当 ST046 用于位扩展时,H',L',E' 三个输入端分别接另一 4 位比较器的输出端 H,L,E。用两块 ST046 串联而成的 8 位二进制比较器如图 2–31 所示。本集成块的输入为待比较数码的高 4 位,另一集成块的输入为待比较数码的低 4 位。

比较器的位扩展也可用并联方式实现,如图 2–32 所示用 5 块 4 位比较器实现 16 位二进制数比较。如果用串联方式,只用 4 块 4 位比较器即可,但并联方式比串联方式速度快。

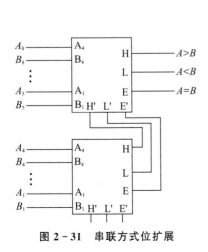

图 2–31 串联方式位扩展

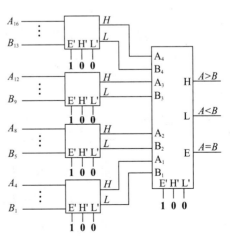

图 2–32 并联方式位扩展

2.2.4 编码器和译码器

1. 编码器

在数字系统中,用二进制代码表示有某种特定含义信号的过程称为编码。例如十进制数 9 在数字电路中可用二进制编码 $(1001)_B$ 来表示,也可用 8421BCD 码 $(00001001)_{8421BCD}$ 来表示。编码器就是实现编码操作的电路。

(1) 二进制编码器

二进制编码器是用 n 位二进制数表示 2^n 个信号的编码电路。以图 2-33 所示的由与非门构成的 8-3 编码器为例,来说明二进制编码器的工作原理,其功能表如表 2-11 所列。

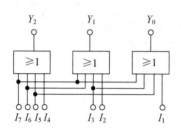

图 2-33 3 位二进制编码器逻辑图

表 2-11 3 位二进制编码表

输入								输出		
I_0	I_1	I_2	I_3	I_4	I_5	I_6	I_7	C	B	A
0	1	1	1	1	1	1	1	0	0	0
1	0	1	1	1	1	1	1	0	0	1
1	1	0	1	1	1	1	1	0	1	0
1	1	1	0	1	1	1	1	0	1	1
1	1	1	1	0	1	1	1	1	0	0
1	1	1	1	1	0	1	1	1	0	1
1	1	1	1	1	1	0	1	1	1	0
1	1	1	1	1	1	1	0	1	1	1

8 个输入信号中,在某个时刻,只能允许一个输入信号为低电平 0,输出的三位二进制代码即代表该输入信号的状态。例如,输出为 011 时,表示 I_3 输入为 0,其余输入全为 1。

其逻辑表达式为

$$Y_2 = I_4 + I_5 + I_6 + I_7 = \overline{\overline{I_4}\,\overline{I_5}\,\overline{I_6}\,\overline{I_7}}$$

$$Y_1 = I_2 + I_3 + I_6 + I_7 = \overline{\overline{I_2}\,\overline{I_3}\,\overline{I_6}\,\overline{I_7}}$$

$$Y_0 = I_1 + I_3 + I_5 + I_7 = \overline{\overline{I_1}\,\overline{I_3}\,\overline{I_5}\,\overline{I_7}}$$

(2) 二-十进制编码器(BCD 码)

将 0~9 十个十进制数转换为二进制代码的电路,称为二-十进制编码器。二-十进制是按 8421 编码的,因此也称 BCD 码。

二-十进制编码器的功能表如表 2-12 所列。图 2-34 所示的是由四个多输入端或门构成的二-十进制编码器(BCD 码)。

图 2-34 中的 9 个输入端用来表示十进制数的 0~9。在工作时只允许某时刻有一个输入端为 1,其余 8 个输入端为 0。当 9 个输入端全为 0 时,表示输入数据为 0。

其逻辑表达式为

$$Y_3 = I_8 + I_9 = \overline{\overline{I_8}\,\overline{I_9}}$$

$$Y_2 = I_4 + I_5 + I_6 + I_7 = \overline{\overline{I_4}\,\overline{I_5}\,\overline{I_6}\,\overline{I_7}}$$

$$Y_1 = I_2 + I_3 + I_6 + I_7 = \overline{\overline{I_2}\,\overline{I_3}\,\overline{I_6}\,\overline{I_7}}$$

$$Y_0 = I_1 + I_3 + I_5 + I_7 + I_9 = \overline{\overline{I_1}\,\overline{I_3}\,\overline{I_5}\,\overline{I_7}\,\overline{I_9}}$$

表 2-12 二-十进制编码器功能表

输入	输出			
I	Y_3	Y_2	Y_1	Y_0
$0(I_0)$	0	0	0	0
$1(I_1)$	0	0	0	1
$2(I_2)$	0	0	1	0
$3(I_3)$	0	0	1	1
$4(I_4)$	0	1	0	0
$5(I_5)$	0	1	0	1
$6(I_6)$	0	1	1	0
$7(I_7)$	0	1	1	1
$8(I_8)$	1	0	0	0
$9(I_9)$	1	0	0	1

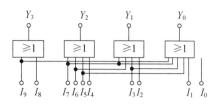

图 2-34 二-十进制编码器(BCD 码)

(3) 优先编码器

在优先编码器中,允许几个信号同时输入,但是电路只对其中优先级别最高的输入信号进行编码,这样的电路称为优先编码器。优先编码器允许多个输入信号同时要求编码。优先编码器的输入信号有不同的优先级别,多于一个信号同时要求编码时,只对其中优先级别最高的信号进行编码。因此,在编码时必须根据轻重缓急,规定好输入信号的优先级别。

74LS147 编码器是 BCD(8421)码优先编码器,或称 BCD 输出的优先编码器。所谓优先,就是多于一个十进制数字输入时,最高的数字输入被优先编码到输出端(见表 2-13,为低电平输入有效、低电平输出有效的优先编码器)。例如,功能表第二行,若 $I_9=0$(引脚 10 输入端代表十进制数 9),无论其他输入端是 1 或 0,输出的 BCD 码均为 0110(以低电平 0 的形式输出的 BCD 码)。

表 2-13 74LS147 编码器的功能表

输入									输出			
I_1	I_2	I_3	I_4	I_5	I_6	I_7	I_8	I_9	D	C	B	A
1	1	1	1	1	1	1	1	1	1	1	1	1
×	×	×	×	×	×	×	×	0	0	1	1	0
×	×	×	×	×	×	×	0	1	0	1	1	1
×	×	×	×	×	×	0	1	1	1	0	0	0
×	×	×	×	×	0	1	1	1	1	0	0	1
×	×	×	×	0	1	1	1	1	1	0	1	0
×	×	×	0	1	1	1	1	1	1	0	1	1
×	×	0	1	1	1	1	1	1	1	1	0	0
×	0	1	1	1	1	1	1	1	1	1	0	1
0	1	1	1	1	1	1	1	1	1	1	1	0

图 2-35 所示的是 74LS147 集成电路被设置成对三个输入端 I_7,I_8,I_9 进行编码的连接电路。不用的输入端(I_1,I_2,I_3,I_4,I_5,I_6)接+5 V(高电平)。

由表 2-13 所示的 74LS147 功能表可以得知:当输入 $I_7I_8I_9=000$ 时,输出为 0110;当输入 $I_7I_8I_9=001$ 时,输出为 0111;只有输入 $I_7I_8I_9=011$ 时,输出为 1000,这就是优先编码器工作特点,优先权的高低由 74LS147 的信号输入端来决定。74LS147 是一种 10 线/4 线优先编

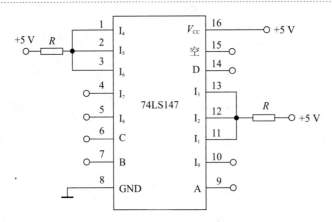

图 2-35　74LS147 三位输入编码的接线图

码器。

（4）编码器的用法

编码器的用法是多种多样的，这里以微控制器的报警编码电路来介绍编码器的用法。

图 2-36 给出了利用 74LS148 编码器监视 8 个化学罐液面的报警编码电路的连接图。若 8 个化学罐中任何一个罐中液面超过预定高度时，其液面检测传感器输出一个 0 电平到 74LS148 编码器的输入端，编码器编码后输出三位二进制代码到微控制器。这种情况下微控制器仅需要 3 个输入线就可监视 8 个独立的被测点。

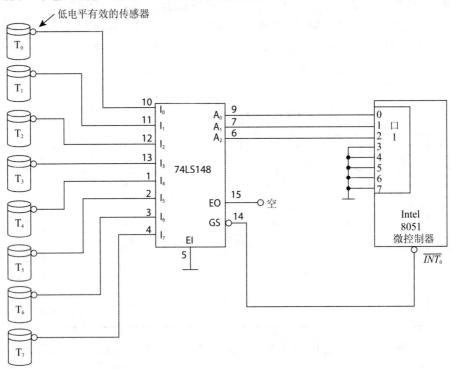

图 2-36　74LS148 微控制器报警编码电路

．微控制器不同于微处理器，它由几个输入/输出接口和存储器共同组成，使其更适于监视和控制方面的应用。这里用的微控制器是 Intel 8051，使用其 4 个 8 位口中的 1 个口输入被编码的报警代码,并且利用中断输入 $\overline{INT_0}$,接收由 GS 产生的报警信号(GS=0 有效),以使 8051 处于 HALT(停止)方式。当 Intel 8051 在 $\overline{INT_0}$ 端接收到一个 0,就运行报警处理程序并作出相应的反应,无论 74LS148 的任意一个或多个输入为 0,GS 均为 0。

2. 译码器

译码是编码的逆过程。译码是将代码的原意"翻译"出来,即将每个代码译为一个特定的输出信号,此信号可以是脉冲,也可以是电位。

实现译码功能的电路称为译码器,常用的译码器有二进制译码器、二-十进制译码器、BCD 七段显示译码器三类。

(1) 二进制译码器

如果它有 n 个输入变量,那它就可以有 2^n 个输出变量,这样的译码器,称做二进制译码器。且对应于输入代码的每一种状态,2^n 个输出中只有一个为 1(或为 0),其余全为 0(或为 1)。

常用的二进制集成电路译码器为 74LS138,其逻辑框图和真值表如图 2-37 所示和表 8-14

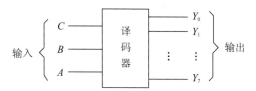

图 2-37 3-8 线译码器逻辑框图

所列。此译码器有 3 个输入端 A,B,C,8 个输出端 $Y_0 \sim Y_7$,这种译码器称为 3-8 线译码器。

表 2-14 3-8 线译码器真值表

C	B	A	Y_0	Y_1	Y_2	Y_3	Y_4	Y_5	Y_6	Y_7
0	0	0	1	0	0	0	0	0	0	0
0	0	1	0	1	0	0	0	0	0	0
0	1	0	0	0	1	0	0	0	0	0
0	1	1	0	0	0	1	0	0	0	0
1	0	0	0	0	0	0	1	0	0	0
1	0	1	0	0	0	0	0	1	0	0
1	1	0	0	0	0	0	0	0	1	0
1	1	1	0	0	0	0	0	0	0	1

功能分析:由真值表得每一个输出函数就是变量的一个最小项。由表 2-14 可直接写出输出/输入逻辑函数为

$$Y_0 = \overline{C}\,\overline{B}\,\overline{A}, \quad Y_1 = \overline{C}\,\overline{B}A, \quad Y_2 = \overline{C}B\,\overline{A}, \quad Y_3 = \overline{C}BA$$

$$Y_4 = C\,\overline{B}\,\overline{A}, \quad Y_5 = C\,\overline{B}A, \quad Y_6 = CB\,\overline{A}, \quad Y_7 = CBA$$

用与非门组成逻辑电路如图 2-38 所示,图中的输出为反函数。

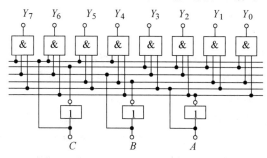

图 2-38 3-8 线译码器逻辑电路图

(2) 二-十进制译码器

将二-十进制代码翻译成 10 个十进制数字信号的电路,叫做二-十进制译码器。二-十进制译码器的输入是十进制数的 4 位二进制编码(BCD 码),分别用 A、B、C、D 表示;输出的是与 10 个十进制数字相对应的 10 个信号,用 $Y_9 \sim Y_0$ 表示。由于二-十进制译码器有 4 根输入线,10 根输出线,所以又称为 4-10 线译码器。

译码器的输入是 8421BCD 码,输出的 10 个信号与十制数的 10 个数字相对应。示意图如图 2-39 所示,真值表如表 2-15 所列。表 2-15 中左边是输入的 8421BCD 码,右边是译码输出,逻辑 0 有效。1010…1111 六种状态没有使用,正常工作下不会出现,故可当约束项处理。

图 2-39 8421BCD 译码器框图

表 2-15 8421BCD 译码器真值表

D	C	B	A	Y_0	Y_1	Y_2	Y_3	Y_4	Y_5	Y_6	Y_7	Y_8	Y_9
0	0	0	0	0	1	1	1	1	1	1	1	1	1
0	0	0	1	1	0	1	1	1	1	1	1	1	1
0	0	1	0	1	1	0	1	1	1	1	1	1	1
0	0	1	1	1	1	1	0	1	1	1	1	1	1
0	1	0	0	1	1	1	1	0	1	1	1	1	1
0	1	0	1	1	1	1	1	1	0	1	1	1	1
0	1	1	0	1	1	1	1	1	1	0	1	1	1
0	1	1	1	1	1	1	1	1	1	1	0	1	1
1	0	0	0	1	1	1	1	1	1	1	1	0	1
1	0	0	1	1	1	1	1	1	1	1	1	1	0

逻辑功能分析:利用卡诺图化简,求出各函数的最简表达式为

$$\overline{Y_0} = \overline{D}\,\overline{C}\,\overline{B}\,\overline{A}, \qquad Y_0 = \overline{\overline{D}\,\overline{C}\,\overline{B}\,\overline{A}}$$

$$\overline{Y_1} = \overline{D}\,\overline{C}\,\overline{B}A, \qquad Y_1 = \overline{\overline{D}\,\overline{C}\,\overline{B}A}$$

$$\overline{Y_2} = \overline{C}B\,\overline{A}, \qquad Y_2 = \overline{\overline{C}B\,\overline{A}}$$

$$\overline{Y_3} = \overline{C}BA, \qquad Y_3 = \overline{\overline{C}BA}$$

$$\overline{Y_4} = C\,\overline{B}\,\overline{A}, \qquad Y_4 = \overline{C\,\overline{B}\,\overline{A}}$$

$$\overline{Y_5} = C\,\overline{B}A, \qquad Y_5 = \overline{C\,\overline{B}A}$$

$$\overline{Y_6} = CB\,\overline{A}, \qquad Y_6 = \overline{CB\,\overline{A}}$$

$$\overline{Y_7} = CBA, \qquad Y_7 = \overline{CBA}$$

$$\overline{Y_8} = D\,\overline{A}, \qquad Y_8 = \overline{D\,\overline{A}}$$

$$\overline{Y_9} = DA, \qquad Y_9 = \overline{DA}$$

用与非门组成逻辑电路如图 2-40 所示,图中的输出为原函数。

(3) BCD 七段显示译码器

在各种电子仪器和设备中,经常需要用显示器将处理和运算结果显示出来,可以实现数码显示的部件叫做数码显示器,也称数码管。数码显示器的种类很多,按显示原理来分有辉光数码管、荧光数码管、发光二极管 LED 数码管、液晶 LCD 数码管等。按显示内容分有数字显示和符号显示两种。下面以发光二极管七段显示数码管为例介绍其工作原理。七段 LED 显示

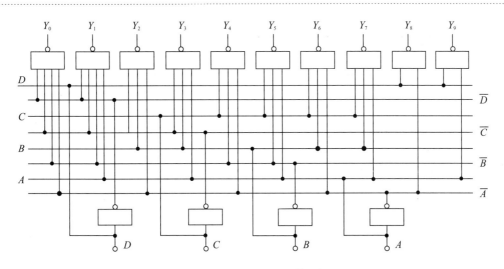

图 2-40 8421BCD 译码器逻辑图

器如图 2-41(a)所示,它是由七段笔画所组成,每段笔画实际上就是一个用半导体材料做成的发光二极管(LED)。这种显示器电路通常有两种接法:一种是将发光二极管的负极全部一起接地,如图 2-41(b)所示,即所谓的共阴极显示器;另一种是将发光二极管的正极全部一起接到正电压,如图 2-41(c)所示,即所谓的共阳极显示器。对于共阴极显示器,只要在某个二极管的阳极加上逻辑 1 电平,相应的笔画就发亮;对于共阳极显示器,只要在某个二极管的负极加上逻辑电平 0,相应的笔画就发亮。由图 2-41 可见,不同笔画发光,便可显示一个字型。就是说,显示器所显示的字符与其输入二进制代码(又称段码)即 abcdefg 七位代码之间存在一定的对应关系。以共阴极显示器为例,这种对应关系如表 2-16 所列。

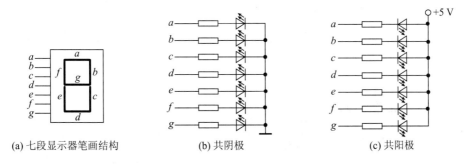

图 2-41 七段数字显示器

表 2-16 共阴极七段 LED 显示字型段码表

显示字符	段码						
	a	b	c	d	e	f	g
0	1	1	1	1	1	1	0
1	0	1	1	0	0	0	0
2	1	1	0	1	1	0	1
3	1	1	1	1	0	0	1
4	0	1	1	0	0	1	1

续表 2-16

显示字符	段码						
	a	b	c	d	e	f	g
5	1	0	1	1	0	1	1
6	0	0	1	1	1	1	1
7	1	1	1	0	0	0	0
8	1	1	1	1	1	1	1
9	1	1	1	1	0	1	1
⌈	0	0	0	1	0	0	1
⌉	1	1	0	1	0	0	1
⌴	0	1	0	0	0	0	1
E	1	0	0	1	1	1	1
t	0	0	0	1	1	1	1
灭	0	0	0	0	0	0	0

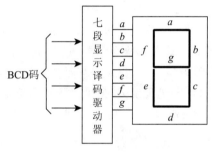

图 2-42 七段数字显示译码器

一般数字系统中处理和运算结果都是用二进制编码、BCD 码或其他编码表示的,要将最终结果通过 LED 显示器用十进制数显示出来,就需要先用译码器将运算结果转换成段码,当然,要使发光二极管发亮,还需要提供一定的 BCD 码驱动电流。所以这两种显示器也需要有相应的驱动电路,如图 2-42 所示。

市场上可买到现成的译码驱动器,如共阳极译码驱动器 74LS47、共阴极译码驱动器 74LS48 等。74LS47,74LS48 是七段显示译码驱动器,其输入是 BCD 码,输出是七段数字显示译码器的段码。74LS47 译码驱动电路如图 2-43 所示,真值表如表 2-17 所列。

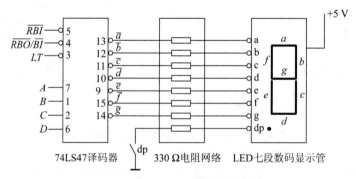

图 2-43 LED 七段显示译码驱动电路逻辑图

其工作过程是:输入的 BCD 码(A,B,C,D)经 74LS47 译码,产生 7 个低电平输出(a,b,c,d,e,f,g),经限流电阻分别接至共阳极显示器对应的 7 个段,当这 7 个段有一个或几个为低电平时,该低电平对应的段点亮。dp 为小数点控制端,当 dp 端为低电平时,小数点亮。LT 为灯测试信号输入端,可测试所有端的输出信号;$\overline{RBI}$ 为消隐输入端,用来控制发光显示器的亮度或禁止译码器输出;BI/RBO为消隐输入或串行消隐输出端,具有自动熄灭所显示的多位数字前后不必要的"零"位的功能,在进行灯测试时,BI/RBO信号应为高电平。

表 2-17 共阳极译码驱动器 74LS47 真值表

输入					$\overline{BI/RBO}$	输出							显示数字
$\overline{LT}$	$\overline{RBI}$	D	C	B	A		a	b	c	d	e	f	g	
1	1	0	0	0	0	1	0	0	0	0	0	0	1	0
1	×	0	0	0	1	1	1	0	0	1	1	1	1	1
1	×	0	0	1	0	1	0	0	1	0	0	1	0	2
1	×	0	0	1	1	1	0	0	0	0	1	1	0	3
1	×	0	1	0	0	1	1	0	0	1	1	0	0	4
1	×	0	1	0	1	1	0	1	0	0	1	0	0	5
1	×	0	1	1	0	1	1	1	0	0	0	0	0	6
1	×	0	1	1	1	1	0	0	0	1	1	1	1	7
1	×	1	0	0	0	1	0	0	0	0	0	0	0	8
1	×	1	0	0	1	1	0	0	0	1	1	0	0	9
×	×	×	×	×	×	0	1	1	1	1	1	1	1	全灭
1	0	0	0	0	0	0	1	1	1	1	1	1	1	全灭
0	×	×	×	×	×	1	0	0	0	0	0	0	0	全亮

2.2.5 数据选择器和数据分配器

1. 数据选择器

在多路数据传输过程中,经常需要将其中一路信号挑选出来进行传输,这就需要用到数据选择器。其功能类似于单刀多位开关,故又称为多路开关。其逻辑图如图 2-44 所示。

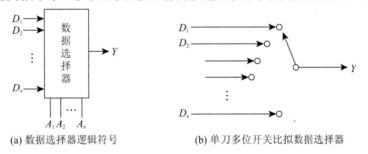

(a) 数据选择器逻辑符号　　　　　(b) 单刀多位开关比拟数据选择器

图 2-44 数据选择器示意图

数据选择器在输入地址信号线的控制作用下,从多路输入信号中选择一路传输到传输端,又称为多路选择器 MUX 或多路开关,常用的有 2 选 1、4 选 1、8 选 1、16 选 1 等。当输入数据更多时则可以由上述选择器扩大功能而得,如 32 选 1、64 选 1 等。在数据选择器中,通常用地址输入信号来完成挑选数据的任务。如一个 4 选 1 的数据选择器,应有 2 个地址输入端,它共有 $2^2=4$ 种不同的组合,每一种组合可选择对应的一路输入数据输出。同理,对一个 8 选 1 的数据选择器,应有 3 个地址输入端。其余类推。下面以一个典型的 4 选 1 多路选择器为例说明。

图 2-45 为 4 选 1 数据选择器,其中 $D_0 \sim D_3$ 为数据输入端;$A_0 A_1$ 为数据通道选择控制信号;E 为使能端,Y 为输出端。

由图 2-45 可写出 4 选 1 数据选择器的输出逻辑表达式:
$$Y = (\overline{A_1}\,\overline{A_0}D_0 + \overline{A_1}A_0D_1 + A_1\overline{A_0}D_2 + A_1A_0D_3)\overline{E}$$

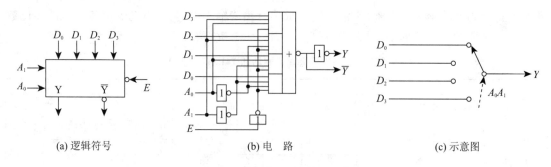

(a) 逻辑符号　　　　　　　(b) 电　路　　　　　　　(c) 示意图

图 2-45　4 选 1 数据选择器电路

由公式可画出电路的功能表如表 2-18 所列。

表 2-18　4 选 1 电路功能表

地	址	选通	数据	输出
A_1	A_0	E	D	Y
X	X	1	X	0
0	0	0	$D_0 \sim D_3$	D_0
0	1	0	$D_0 \sim D_3$	D_1
1	0	0	$D_0 \sim D_3$	D_2
1	1	0	$D_0 \sim D_3$	D_3

由功能表可知使能端的作用是用于控制数据选通是否有效,即当 $E=0$ 时,允许数据选通,数据选通哪一路由地址线 $A_1 A_0$ 决定。当 $E=1$ 时,禁止数据输入,故又称 E 为禁止端。4 选 1 真值表如表 2-19 所列。

表 2-19　4 选 1 真值表

A_1	A_0	Y	D_i
0	0	0	D_0
0	1	1	D_1
1	0	1	D_2
1	1	0	D_3

2. 多路数据分配器

多路数据分配器的逻辑功能与多路选择器恰好相反,多路选择器是在多个输入信号中选择一个送到输出;而多路分配器则是把一个输入信号分配到多路输出的其中之一。因此,也称多路分配器为"逆多路选择器"或"逆多路开关"。

多路分配器只有一个输入信号源,而信息的分配则由 n 位选择控制信号来决定。多路分配器的一般电路原理如图 2-46 所示。

多路分配器可由译码器实现,具体方法是将传送的数据接至译码器的使能端 E。这样可以通过改变译码器的输入,把数据分配到不同的通道上。如图 2-47 所示为 3-8 线译码器实现多路分配器。其中 D 为数据输入端,A,B,C 为地址译码线,Y 为输出端。如 $ABC=111$ 时,$D=1$,则该片选中 $Y_7=0$,其他引脚输出高电平,如 $D=0$ 该片禁止 $Y_7=1$,当 ABC 取不同的 8 个值时分别选中 $Y_0 \sim Y_7$ 中的一个输出端。注意,这种接法只能将输入为 1 的数据分配到 8 路输出中的一路。

3. 用数据选择器实现多种组合逻辑功能

数据选择器除了用来选择输出信号,实现时分多路通信外,还可以用于实现组合逻辑

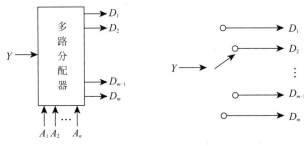

(a) 多路分配器逻辑符号　　　(b) 单刀多位开关比拟多路分配器

图 2-46　多路分配器电路原理图

电路。

例 2-3　用 4 选 1 数据选择器实现二变量异或表示式 $Y=A_1\overline{A}_0+\overline{A}_1 A_0$。

解：由 4 选 1 数据选择器的输出公式如下：

$$Y=\overline{A}_1\overline{A}_0 D_0+\overline{A}_1 A_0 D_1+A_1\overline{A}_0 D_2+A_1 A_0 D_3$$

从公式可知，对于 $A_1 A_0$ 的每一种组合就对应一个输入 D，用多路选择器来实现逻辑函数时，就是选择好控制变量 A 和确定 D 的值。例题中与 $F=A_1\overline{A}_0+\overline{A}_1 A_0$ 比较，只要 $D_2=1$，$D_1=1$，$D_0=0$，$D_3=0$ 即可。其连接图如图 2-48 所示。

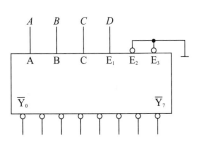

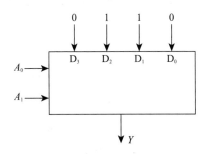

图 2-47　3-8 译码器作多路分配器电路　　　图 2-48　例 2-3 连线图

例 2-4　用数据选择器实现三变量多数表决器。

解：① 采用 8 选 1 数据选择器来实现。根据表 2-20 可知，只要

$$D_3=D_5=D_6=D_7=1, \quad D_0=D_1=D_2=D_4=0$$

其连接图如图 2-49 所示。

表 2-20　8 选 1 真值表

A_2	A_1	A_0	Y	D_i
0	0	0	0	D_0
0	0	1	0	D_1
0	1	0	0	D_2
0	1	1	1	D_3
1	0	0	0	D_4
1	0	1	1	D_5
1	1	0	1	D_6
1	1	1	1	D_7

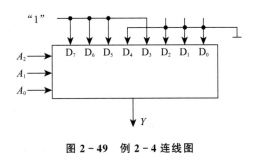

图 2-49　例 2-4 连线图

② 采用4选1数据选择器来实现。

列出 Y 的函数式如下:
$$Y = \overline{A}_2 A_1 A_0 + A_2 \overline{A}_1 \overline{A}_0 + A_2 A_1 \overline{A}_0 + A_2 A_1 A_0 =$$
$$\overline{A}_2 A_1 A_0 + A_2 \overline{A}_1 A_0 + A_2 A_1$$

对比4选1选择器公式
$$Y = \overline{A}_1 \overline{A}_0 D_0 + \overline{A}_1 A_0 D_1 + A_1 \overline{A}_0 D_2 + A_1 A_0 D_3$$

4选1选择器的 A_1,对应所求函数 A_2,A_0 对应 A_1,D_i 对应第三项 A_0。比较可得 $D_0 = 0$,$D_1 = D_2 = A_0$,$D_3 = 1$。连接图如图2-50所示。

4. 用译码器实现多种组合逻辑功能

例2-5 用译码器设计两个一位二进制数的全加器。

解:因译码器的输出端每一个表示一项最小项,因此只需把所求的全加器的输出端用最小项表示,再对应译码器的输出端选择合适的输出即可。

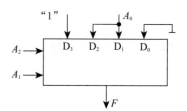

图2-50 例2-4连线图

由全加器真值表可得
$$S = \overline{A}\,\overline{B}C + \overline{A}B\,\overline{C} + A\,\overline{B}\,\overline{C} + ABC = m_1 + m_2 + m_4 + m_7$$
$$S = \overline{\overline{m}_1 \overline{m}_2 \overline{m}_4 \overline{m}_7}$$
$$C_{i+1} = \overline{A}BC + A\,\overline{B}C + AB\,\overline{C} + ABC = m_3 + m_5 + m_6 + m_7$$
$$C_{i+1} = \overline{\overline{m}_3 \overline{m}_5 \overline{m}_6 \overline{m}_7}$$

用3-8译码器组成的全加器如图2-51所示。

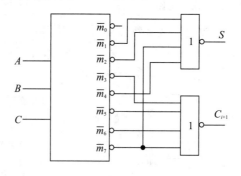

图2-51 例2-5由3-8线译码器构成的全加器

本章小结

1. 在数字逻辑电路中,任何复杂的逻辑电路都是由与门、或门和非门等基本逻辑门电路组成的。由这三种最基本的门电路又可以构成与非门、或非门、异或门和异或非门等。

2. 分立元件门电路是由分立的半导体二极管、三极管和 MOS 管以及电阻等元件组成的门电路。分立元件门电路有二极管与门、或门和三极管非门、MOS 管非门以及由它们构成的复合门,如与非门、或非门、异或门和异或非门等。

3. TTL 门电路是三极管-三极管逻辑门电路,它是把电路元件都制作在同一块硅片上的电路。TTL 门电路具有负载能力强、抗干扰能力强和转换速度高等优点。

4. TTL 门电路是基本逻辑单元,是构成各种 TTL 集成电路的基础。实际生产的 TTL 集成电路种类多,品种全,应用广泛。TTL 与非门电路因开关速度快、抗干扰能力强等特点,在数字电路中得到比较广泛的应用。

5. CMOS 门电路由于具有集成度高、制造工艺简单、功耗很低、输入阻抗高等特点,在数字电路中得到极为广泛的应用。

6. CMOS 门电路由于采用了 NMOS 管和 PMOS 管互补式电路,功耗极低,负载能力极强,因此在要求速度不高的情况下优越性就更加明显。使用 CMOS 门电路时,应牢记其使用注意事项,谨防静电感应击穿。

7. 组合逻辑电路的特点是:在任何时刻的输出只取决于当时的输入信号,而与电路原来所处的状态无关。实现组合电路的基础是逻辑代数和门电路,真值表是分析和应用各种逻辑电路的依据。

8. 组合逻辑电路的逻辑功能可用逻辑图、真值表、逻辑表达式、卡诺图和波形图五种方法来描述,它们在本质上是相通的,可以互相转换。其中由逻辑图到真值表及由真值表到逻辑图的转换最为重要。这是因为组合电路的分析,实际上就是由逻辑图到真值表的转换,而组合电路的设计,在得出真值表后,其余就是由真值表到逻辑图的转换。

9. 运用门电路设计组合电路的大致步骤是:

列出真值表→写出逻辑表达式或画出卡诺图→逻辑表达式化简和变换→画出逻辑图。

在许多情况下,如用中、大规模集成电路来实现组合函数,可以取得事半功倍的效果。

10. 具体的组合电路种类非常多,常用的组合电路有加法器、数值比较器、编码器、译码器、数据选择器、数据分配器等,这些组合电路都已制作成集成电路,必须熟悉它们的逻辑功能才能灵活应用。

习　题

1. 已知 A,B 的波形如题图 2-1 所示,试画出 $Y=A \cdot B, Y=A+B, Y=\overline{A}$ 的波形。

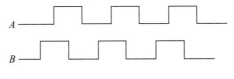

题图 2-1

2. 什么叫正逻辑？什么叫负逻辑？
3. 集电极开路门有哪些用途？
4. 简述 TTL 集成三态门的工作原理、特点及用途？
5. 试画出题图 2-2 中与非门输出 Y 的波形。

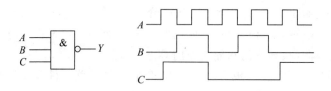

题图 2-2

6. 什么叫 MOS 门电路？MOS 管分为哪几种类型？

7. 写出题图 2-3 所示电路的逻辑表达式？

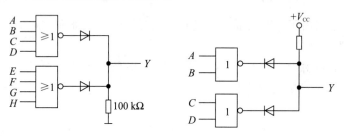

题图 2-3

8. 试分析题图 2-4 所示电路的逻辑关系，并写出逻辑表达式。

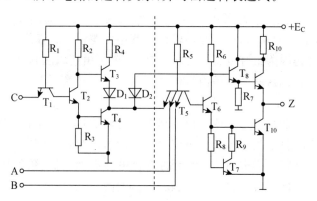

题图 2-4

9. 组合逻辑电路有什么特点？如何分析组合逻辑电路？组合逻辑电路的设计步骤是怎样的？

10. 译码器的功能是什么？给出十进制 BCD 译码器的真值表和 3 位二进制译码器的真值表。

11. 分析题图 2-5 两组合逻辑电路，比较两电路的逻辑功能。

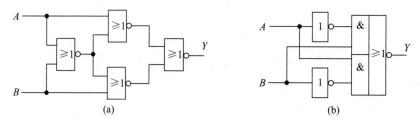

题图 2-5

12. 分析题图 2-6 两电路的功能。

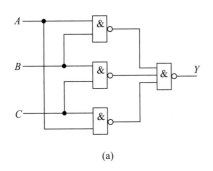
(a)

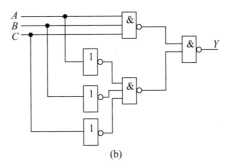
(b)

题图 2-6

13. 分析图 2-7 所示组合逻辑电路的功能。

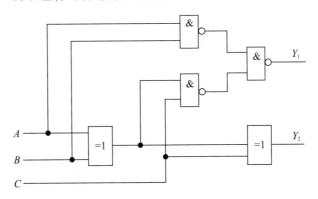

题图 2-7

14. 用 3-8 译码器和与非门实现下列多输出函数：
$$\begin{cases} Y_1 = AB + \overline{A}\,\overline{B}\,\overline{C} \\ Y_2 = A + B + \overline{C} \\ Y_3 = \overline{A}B + A\overline{B} \end{cases}$$

15. 用 4-16 译码器和与非门实现下列函数：

① $Y = \sum_m(0,1,3,6,10,15)$

② $\begin{cases} Y_1 = A\,\overline{B}CD + \overline{A}\,\overline{B}\,\overline{C} + ACD \\ Y_2 = AB\,\overline{C} + A\,\overline{B}CD + \overline{A}\,\overline{B}C \end{cases}$

16. 用 4 选 1 数据选择器实现下列函数。

① $Y = \sum_m(0,2,4,5)$

② $Y = \sum_m(1,2,5,7)$

③ $Y = \sum_m(0,2,5,7,8,11,13,15)$

④ $Y = \sum_m(0,3,12,13,14)$

第 3 章　触发器与时序逻辑电路

前面介绍的门电路在某一时刻的输出信号完全取决于该时刻的输入信号,它没有记忆作用。在数字系统中,常常需要存储各种数字信息。触发器就是具有记忆功能,可以存储数字信息的最常用的一种基本单元电路。本章首先介绍触发器,然后介绍时序逻辑电路。

3.1　触发器

触发器具有两个特点:一是具有两个能自行保持的稳定状态,用来表示逻辑状态的 0 和 1,或二进制数的 0 和 1。二是根据不同的输入信号可将触发器置成 1 或 0 状态。当输入信号消失后,已转换的状态可长期保持下来,所以触发器常作为记忆单元。

根据电路结构形式的不同,触发器可以分为基本 RS 触发器、同步触发器、主从触发器、维持阻塞触发器、CMOS 边沿触发器等。

由于控制方式的不同(即信号的输入方式以及触发器状态随输入信号变化的规律不同),触发器的逻辑功能在细节上又有所不同。因此又根据触发器逻辑功能的不同,将其分为 RS 触发器、JK 触发器、T 触发器、D 触发器等几种类型。

3.1.1　基本 RS 触发器

1. 基本 RS 触发器的电路结构

由与非门构成的基本 RS 触发器电路如图 3-1(a)所示,图 3-1(b)是基本 RS 触发器的逻辑电路符号。$\overline{S_D}$ 和 $\overline{R_D}$ 端为触发信号输入端,其中非号表示低电平有效,在逻辑符号图中用小圆圈表示。Q 和 $\overline{Q}$ 端是触发器的输出端,在触发器输出稳定时,它们是一对输出状态相反的信号。输出端不加小圆圈表示 Q 端,加小圆圈表示 $\overline{Q}$ 端。基本 RS 触发器是各种触发器电路中结构形式最简单的一种,它也是许多复杂结构触发器的一个基本组成部分。

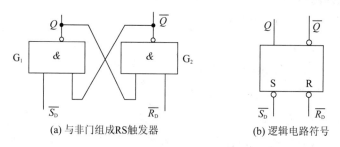

图 3-1　基本 RS 触发器

2. 基本 RS 触发器的工作原理和动作特点

基本 RS 触发器的输出端 Q 与 $\overline{Q}$ 在正常条件下能保持相反状态,即 $Q=0,\overline{Q}=1$ 和 $Q=1,\overline{Q}=0$ 两种状态。常将 $Q=1,\overline{Q}=0$ 的状态称为置位状态("1"态),而将 $Q=0,\overline{Q}=1$ 的状态称

为复位状态("0"态)。$\overline{S_D}$端称为直接置位输入端或直接置"1"端,$\overline{R_D}$端称为直接复位输入端或置"0"端。下面分析基本 RS 触发器的工作过程。

① 当$\overline{R_D}=0$,$\overline{S_D}=1$ 时,触发器为"0"态。

由于 $R_D=0$,使 G_2 输出 $\overline{Q}=1$;G_1 因输入全1,输出 $Q=0$,触发器为"0"态,与原状态无关。

② 当$\overline{R_D}=1$,$\overline{S_D}=0$ 时,触发器为"1"态。

③ 当$\overline{R_D}=\overline{S_D}=1$ 时,触发器保持原状态不变。

若触发器原为"0"态,$\overline{Q}=1$。$Q=0$ 反馈到 G_2,$\overline{Q}=1$ 反馈到 G_1。因为 G_2 的一个输入端为 0,G_2 输出 $\overline{Q}=1$。于是 G_1 输入全为 1,G_1 输出为 0,触发器维持"0"态不变。同理,当触发器原状态为 1 时,触发器维持"1"态不变。

④ 当$\overline{R_D}=\overline{S_D}=0$ 时,这时,两个与非门输出端都为"1",即 $Q=\overline{Q}=1$,这既不是"0"态,也不是"1"态。当$\overline{R_D}$,$\overline{S_D}$同时变为 1 时,由于 G_1,G_2 的电气性能差异,使得输出状态无法确定,可能是"0"态,也可能是"1"态,因此这种情况在使用中应该禁止出现。

3. 基本 RS 触发器的特性表

首先说明两个概念:现态和次态。现态(或称初态),是指输入信号变化前触发器的状态,用 Q^n 表示;次态:是指输入信号变化后触发器的状态,用 Q^{n+1} 表示。触发器的次态 Q^{n+1} 与输入信号和电路初始状态 Q^n 之间的关系的真值表称为触发器的特性表。上述基本 RS 触发的逻辑功能可用表 3-1 所列的特性表来表示。

表 3-1 与非门组成的基本 RS 触发器的特性表

$\overline{R_D}$	$\overline{S_D}$	Q^n	Q^{n+1}	功 能
0	0	0	x	不定
0	0	1	x	
0	1	0	0	置0
0	1	1	0	
1	0	0	1	置1
1	0	1	1	
1	1	0	0	保持
1	1	1	1	

从表中可以看出基本 RS 触发器有三个功能。改变触发器的输入可使触发器保持原状态不变,或将输出置"0"或置"1"态。还有一个输入约束状态。

4. 基本 RS 触发器的状态方程

特性方程是指触发器的 Q^{n+1} 与 Q^n 和输入$\overline{R_D}$,$\overline{S_D}$之间的逻辑表达式。可由触发器的特性表 3-1(真值表)画出 Q^{n+1} 的卡诺图,如图 3-2 所示。

Q^n \ $\overline{R_D}\overline{S_D}$	00	01	11	10
0	×	0	0	1
1	×	0	1	1

图 3-2 基本 RS 触发器 Q^{n+1} 的卡诺图

利用约束条件$\overline{R_D}+\overline{S_D}=1$($\overline{R_D}$和$\overline{S_D}$不能同时为0),从卡诺图可写出基本 RS 触发器的状态方程为

$$\begin{cases} Q^{n+1} = S_D + \overline{R_D} Q^n \\ \overline{R_D} + \overline{S_D} = 1 \text{(约束条件)} \end{cases}$$

5. 状态转换波形图

例 3-1 如图 3-1 所示的基本 RS 触发器,在图 3-3 中给出 $\overline{R_D}$,$\overline{S_D}$ 端的输入信号波形,根据基本 RS 触发器的工作原理,设 Q 端初始状态为 0 态,绘出输出 Q 和 $\overline{Q}$ 端波形变化。

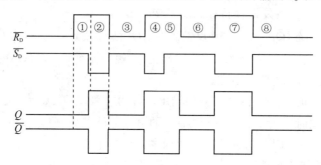

图 3-3 基本 RS 触发器波形转换图

解:已知 $\overline{R_D}$,$\overline{S_D}$ 的波形,根据真值表可画出 Q 和 $\overline{Q}$ 的波形,如图 3-3 所示。
为了便于说明,将图 3-3 分成①~⑧共八个时间段,设初态 $Q=0$,$\overline{Q}=1$。
① $\overline{R_D} = \overline{S_D} = 1$,触发器保持原状态,即 $Q=0$,$\overline{Q}=1$。
② $\overline{R_D} = 1$,$\overline{S_D} = 0$,触发器置 1,即 $Q=1$,$\overline{Q}=0$。
③ $\overline{R_D} = 0$,$\overline{S_D} = 1$,触发器置 0,即 $Q=0$,$\overline{Q}=1$。
④ $\overline{R_D} = 1$,$\overline{S_D} = 0$,触发器置 1,即 $Q=1$,$\overline{Q}=0$。
⑤ $\overline{R_D} = \overline{S_D} = 1$,触发器保持原状态 1 不变。
⑥ $\overline{R_D} = 0$,$\overline{S_D} = 1$,触发器置 0,即 $Q=0$,$\overline{Q}=1$。
⑦ $\overline{R_D} = 1$,$\overline{S_D} = 0$,触发器置 1,即 $Q=1$,$\overline{Q}=0$。
⑧ $\overline{R_D} = 0$,$\overline{S_D} = 1$,触发器置 0,即 $Q=0$,$\overline{Q}=1$。

3.1.2 时钟控制的 RS 触发器

基本 RS 触发器的状态转换过程是直接由输入信号控制的,而在实际工作中,触发器的工作状态不仅要由触发输入信号决定,而且要求按照一定的节拍工作。为此,需要增加一个同步控制端引同步控制信号。通常将同步控制信号称为时钟脉冲控制信号,简称时钟信号,用 CP 表示。把受时钟控制的触发器统称时钟触发器。这里首先介绍时钟控制的 RS 触发器(也称同步 RS 触发器)。

1. 时钟 RS 触发器的电路和逻辑符号

图 3-4(a)是同步 RS 触发器的逻辑电路图。其中,与非门 G_3 和 G_4 构成基本触发器,与非门 G_1 和 G_2 构成导引电路。R 和 S 是置 0 和置 1 信号的输入端,CP 是时钟脉冲输入端。图 3-5(b)是同步 RS 触发器的逻辑电路符号。

2. 时钟 RS 触发器工作原理和动作特点

在图 3-4(a)中,当 $CP=0$ 时,G_1,G_2 被封锁,这时无论 R,S 为 0 或 1,G_1,G_2 输出均为 1,基本 RS 触发器 G_3 和 G_4 的输出保持不变。

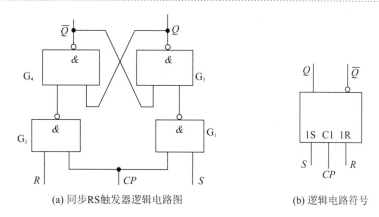

(a) 同步RS触发器逻辑电路图　　　(b) 逻辑电路符号

图 3-4　时钟 RS 触发器逻辑电路和逻辑符号

只有当 $CP=1$ 时，R,S 端的输入信号通过 G_1 和 G_2 来实现基本 RS 触发器的控制。

① $CP=1,R=0,S=0$ 时，G_1 和 G_2 输出为 1，基本 RS 触发器 G_3 和 G_4 的输出不变，保持原输出状态。

② $CP=1,R=0,S=1$ 时，G_1 输出为 0，G_2 输出为 1，基本 RS 触发器 G_3 和 G_4 的输入端 $\overline{S}=0,\overline{R}=1$，输出 $Q=1,\overline{Q}=0$，为置 1 态。

③ $CP=1,R=1,S=0$ 时，G_1 输出为 1，G_2 输出为 0，基本 RS 触发器 G_3 和 G_4 的输入端 $\overline{S}=1,\overline{R}=0$，输出 $Q=0,\overline{Q}=1$，为置 0 态。

④ $CP=1$，如果 $R=S=1$，则 G_1 和 G_2 都输出低电平，使 G_3 门和 G_4 门输出端都为"1"，同样违背了 Q 和 $\overline{Q}$ 于应保持是相反的逻辑要求。当时钟脉冲过去以后，G_1 门和 G_2 门的输出端哪一个将处于"1"态是不确定的，这种不正常情况应该避免出现，所以约束条件为 $RS=0$（R 和 S 不能同时为 1）。

由于时钟 RS 触发器是在基本 RS 触发器前增加了一级引导电路，其动作特点是：$CP=0$ 时，R,S 信号被封锁；只有在 $CP=1$ 期间，R,S 才能像基本 RS 触发器一样改变触发器的输出状态。

3. 时钟 RS 触发器的特性表和状态方程

表 3-2 为时钟 RS 触发器的特性表。

表 3-2　同步 RS 触发器的特性表

CP	R	S	Q^n	Q^{n+1}	说　明
0	×	×	×	Q^n	无论 S,R 为何值，输出不变
1	0	0	0	0	保持
1	0	0	1	1	
1	0	1	0	1	置1
1	0	1	1	1	
1	1	0	0	0	置0
1	1	0	1	0	
1	1	1	0	×	不定
1	1	1	1	×	

特性方程如下式所列：

$$\begin{cases} Q^{n+1}=S+\overline{R}Q^n \\ RS=0(\text{约束条件}) \end{cases} \quad (CP=1)$$

从上面分析可见,同步 RS 触发器虽然可以利用 CP 脉冲控制触发器工作,但在 CP=1 期间,输入信号 R,S 仍直接影响输出状态,R,S 输入信号还存在约束的缺点。

3.1.3 主从触发器

1. 主从 RS 触发器

为了解决输入信号直接控制触发器的输出状态的问题,将两级时钟 RS 触发器电路串接得到了主从 RS 触发器,在 CP=1 时控制主触发器工作,而从触发器封锁;在 CP=0 期间从触发器工作,而主触发器封锁,当 CP 从 1 变为 0 的下降沿时刻输出发生变化,用两极同步 RS 触发器组成主从触发器。在图 3-5(a)电路中去掉两条反馈线就是主从 RS 触发器。主从 RS 触发器解决了基本 RS 触发器和时同步 RS 触发器存在的"空翻"问题。

为解除约束问题,将主从 RS 触发器引入反馈,得到主从 JK 触发器,从而解决了触发器的约束问题。这里仅介绍主从 JK 触发器。

2. 主从 JK 触发器

主从触发器是由两级同步 RS 触发器组成的。

(1) 主从 JK 触发器电路及工作原理

主从 JK 触发器逻辑电路如图 3-5(a)所示,图 3-5(b)是主从 JK 触发器的逻辑电路符号。

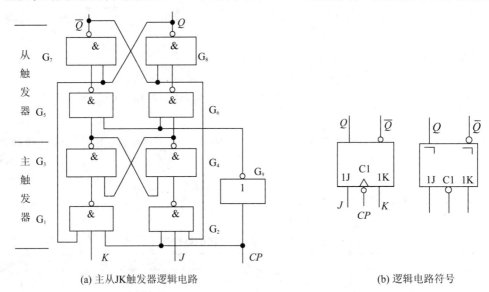

(a) 主从JK触发器逻辑电路　　　　　　　　　　(b) 逻辑电路符号

图 3-5 主从 JK 触发器

在图 3-5(a)中,当 CP=1 时,主触发器引导门 G_1,G_2 将输入信号 J,K 引导到由 G_3,G_4 构成的主触发器输出端,而这时的 $\overline{CP}=0$,从触发器的引导门被封锁,主触发器的输出不可能传送到 Q 和 $\overline{Q}$ 端。当 CP=0 时,主触发器被封锁,J,K 不再控制主触发器的输出端,而这时 $\overline{CP}=1$,从触发器打开,将主触发器的输出作从触发器的输入,控制从触发器的 Q 和 $\overline{Q}$ 端状态变化。

由于引入两条反馈线,Q 和 $\overline{Q}$ 的状态始终是一个为 0,一个为 1,无论 J,K 为何值,G_1 和 G_2 的输出不可能同时为 0,主触发器的输出端不可能同时为 1,也就不存在约束问题了。

(2) 特性表及状态方程

从图 3-5(a)电路可以看出,JK 触发器的 J,K 输入端相当于 RS 触发器的 S,R 端,$S=J$

$\overline{Q}$，$R=KQ$，将两式代入 RS 触发器的状态方程，可得出 JK 触发器的状态方程：

$$Q^{n+1} = J\overline{Q^n} + \overline{K}Q^n \quad \text{(CP 下降沿有效)}$$

由上式可列出主从 JK 触发器的特性如表 3-3 所列。

表 3-3 主从 JK 触发器的特性表

CP	J	K	Q^n	Q^{n+1}	说明
⎍	0	0	0	0	保持
⎍	0	0	1	1	
⎍	0	1	0	0	置0
⎍	0	1	1	0	
⎍	1	0	0	1	置1
⎍	1	0	1	1	
⎍	1	1	0	1	翻转
⎍	1	1	1	0	

虽然主从 JK 触发器实现了无约束，并且在时钟下降沿时刻触发器的输出状态发生变化，但是，主从触发器还存在"一次翻转"问题，就是在 $CP=1$ 期间，主触发器只能有一次变化。例如：若 $Q=1$，$\overline{Q}=0$，当 $CP=1$ 期间，开始时 $J=0$，$K=1$，这时主触发器的 G_1 输出为 0，主触发器输出端 $\overline{Q_1}=1$，$Q_1=0$；然后 J 和 K 发生变化，$J=1$，$K=0$，这时主触发器的输出不会变回到 $\overline{Q_1}=0$，$Q_1=1$。也就是说在 $CP=1$ 期间，J 和 K 若多次变化，主触发器的输出只能有一次变化，若这次变化是由于干扰造成的错误动作，要再用改变 J，K 的方式使其变回来就不行了，就会造成电路的逻辑错误。

（3）集成主从 JK 触发器介绍

主从 JK 触发器有多种产品，以 TTL 数字集成电路 74 系列中 7472（74L72，74H72）为例，说明集成触发器的应用。主从 JK 触发器 7472 集成电路引脚功能如图 3-6 所示。图中 1 脚为空引脚（NC）；2 脚 $\overline{R_D}$ 为异步置 0 端，即当 $\overline{R_D}=0$ 时，直接将触发器输出 $Q=0$，$\overline{Q}=1$；3，4，5 脚为三个 J 信号输入端，三者是与关系；6 脚为 $\overline{Q}$ 输出端；7 脚为地端（接电源负极）；8 脚为 Q 输出端；9，10，11 脚为三个 K 信号输入端，也是与关系；12 脚为 CP 脉冲输入端；13 脚为 $\overline{S_D}$ 异步置 1 端，即当 $\overline{S_D}=0$ 时，直接将触发器输出 $Q=1$，$\overline{Q}=0$；14 脚为电源正极（V_{CC}）接入端。

使用时，若 $\overline{R_D}$，$\overline{S_D}$ 不用，应将其接高电平（一般接电源正极）；三个 J 端和三个 K 端因为是与关系，若不全用时，可并接或将不用端接高电平，将其他引脚与外电路相连接，就可完成 JK 触发器的功能。

图 3-6 7472 主从 JK 触发器集成电路引脚功能图

3.1.4 边沿触发器

1. 边沿 JK 触发器

由于主从 JK 触发器存在一次翻转问题,所以从电路上加以改进,可以制作成性能完善的边沿触发器,提高了触发器的可靠性,增强了抗干扰能力。所谓边沿触发器,就是触发器的次态仅由 CP 脉冲的上升沿(或下降沿)到达时刻的输入信号决定。而在此之前或之后输入状态的变化对触发器的次态无任何影响。边沿 JK 触发器的符号如图 3-7 所示,图(a)为下降沿边沿触发器,图(b)为上升沿边沿触发器。

这里不再介绍边沿触发器的组成电路,以集成边沿 JK 触发器为例,介绍边沿 JK 触发器的工作原理和应用。集成边沿 JK 触发器也有多种产品,如 74 系列的 74112,74113 等。74112 的引脚功能如图 3-8 所示。

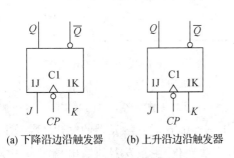

图 3-7 边沿 JK 触发器电路符号   图 3-8 双 JK 触发器 74112 引脚步功能图

(a) 下降沿边沿触发器   (b) 上升沿边沿触发器

在 74112 中集成了两个边沿 JK 触发器,1 开头的标号端是第一个 JK 触发器的相关引脚,2 开头的标号端是第二块 JK 触发器的相关引脚。74112 是下降沿触发的边沿触发器,也就是 CP 的下降沿时刻的 J,K 决定触发器的输出状态的变化。

以 74112 为例的边沿 JK 触发器的工作时序如图 3-9 所示。设初始状态 $Q=0$。从图中可以看出 CP 下降沿时刻的 J 和 K 值决定触发器的次态,由特性方程或状态转换表可计算出次态的值;当异步复位端 $\overline{R_D}=0$ 时,$Q=0$;当异步置 1 端 $\overline{S_D}=0$ 时,$Q=1$。

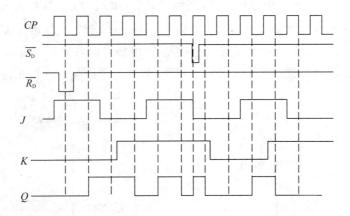

图 3-9 边沿 JK 触发器的工作时序举例

2. D 触发器

边沿 D 触发器逻辑电路符号如图 3-10 所示。D 触发器特性表如表 3-4 所列。D 触发器具有在时钟脉冲上升沿(或下降沿)触发的特点,当时钟脉冲上升沿或下降沿时刻,输入端 D 的值传输到输出端,也就是说输出端 Q 的状态随着输入端 D 的值变化,即时钟脉冲来到之后 Q 的状态和该脉冲来到之前 D 的状态一样。表 3-4 所列触发器为下降沿触发。

D 触发器的状态方程为

$$Q^{n+1}=D$$

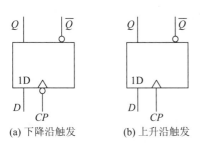

(a) 下降沿触发   (b) 上升沿触发

图 3-10 D 触发器的逻辑符号

表 3-4 D 触发器的特性表

CP	D	Q^n	Q^{n+1}
×	×	Q^n	Q^n
↑	0	0	0
↑	0	1	0
↑	1	0	1
↑	1	1	1

集成 D 触器有 TTL 电路和 CMOS 电路。TTL 电路如 74LS74,引脚排列如图 3-11 所示。74LS74 是一块双上升沿 D 触发器,图中 1,2 打头的引脚分别为第一块和第二块 D 触发器的引脚。D 端为输入端,Q 端为输出端,$\overline{Q}$ 端为反向输出端。$\overline{S}_D$ 为异步置"1"端($\overline{S}_D=0$,置 $Q=1$),$\overline{R}_D$ 为异步置"0"端($\overline{R}_D=0$,置 $Q=0$),平时 $\overline{S}_D$,$\overline{R}_D$ 不用时应置为高电平。

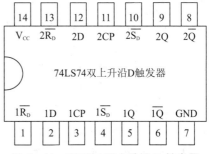

图 3-11 74LS74 双上升沿 D 触发器

3.1.5 T 触发器和 T′触发器

T 触发器和 T′触发器没有实际产品,一般由其他触发器来构成。如用 JK 触发器转换为 T 触发器如图 3-12 所示,将 JK 触发器的 J,K 端连在一起,称为 T 端。当 $T=0$ 时,时钟脉冲作用后触发器状态不变;当 $T=1$ 时,触发器具有计数逻辑功能,其特性如表 3-5 所列。从特性表可写出特性方程为

$$Q^{n+1}=T\overline{Q^n}+\overline{T}Q^n$$

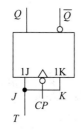

图 3-12 T 触发器

表 3-5 T 触发器的状态表

CP	T	Q^n	Q^{n+1}
×	×	Q^n	Q^n
↑	0	0	0
↑	0	1	1
↑	1	0	1
↑	1	1	0

T′触发器则是将 T 触发器的输入端接高电平（$T=1$），其状态方程为

$$Q^{n+1}=\overline{Q^n}$$

即每次 CP 作用后,触发器的输出状态变为与初态相反的状态。把这样的触发器称为 T′触发器,它的逻辑功能就是每来一个时钟脉冲,触发器翻转一次。

3.2 时序逻辑电路

本节首先介绍时序逻辑电路的组成、在逻辑功能和电路结构上的特点以及时序逻辑电路的分析方法;然后介绍常用中规模时序逻辑电路寄存器、计数器和顺序脉冲发生器;最后简要介绍时序逻辑电路的设计方法。

3.2.1 概　述

时序逻辑电路的特点是:任一时刻的输出信号不仅取决于该时刻的输入信号,而且还取决于电路原来的状态,也就是说,还与以前的输入有关。具有这样的逻辑功能的电路,称为时序电路,以区别于组合逻辑电路。

时序逻辑电路可用图 3-13 所示的逻辑框图来描述,它由组合逻辑电路和存储电路两部分组成。

图 3-13 方框中 X 为输入变量,Y 为输出变量,P 为存储单元输入激励变量,Q 为存储单元输出变量,每个变量可是一组变量的集合。输出信号不仅取决于存储电路的状态,还取决于输入变量的时序逻辑电路的,称之为米利(Mealy)型时序逻辑

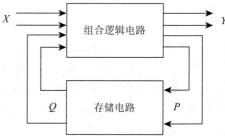

图 3-13 时序逻辑电路框图

电路;输出信号仅取决于存储电路的状态而与输入无关的,称之为穆儿(Moore)型电路。

触发器就是一个最简单的时序逻辑电路,其输出 Y 就是触发器的状态 Q,触发器的激励信号 P 就是输入信号 X。

根据电路状态的情况不同,时序电路又分为同步时序逻辑电路和异步时序逻辑电路两大类。在同步时序逻辑电路中,所有触发器时钟脉冲输入端都连接在同一输入脉冲信号 CP 上,在同一 CP 的作用下,同时更新每一个触发器的状态。而在异步时序逻辑电路中,有部分触发器的时钟输入端与 CP 相连接,而另一些触发器的时钟输入端接不同时钟脉冲,因此各触发器的状态变化不是在同一 CP 时钟脉冲作用下进行的,全部触发器更新状态也不在同一时刻进行,所以称为异步时序逻辑电路。

3.2.2 时序逻辑电路的分析方法

时序电路分析,就是要找出给定时序电路的逻辑功能,也就是要求找出电路的状态和输出的状态在输入变量和时钟信号作用下的变化规律。本节仅讨论同步时序电路的分析方法。

时序电路的逻辑功能可以用输出方程、驱动方程和状态方程全面描述。因此,只要能写出给定逻辑电路的这三个方程,电路的逻辑功能也就表示清楚了。根据这三个方程,就能够求得在任何给定输入变量状态和电路状态下电路的输出和次态。

分析同步时序电路时一般按如下步骤进行：

① 根据给定的电路，写出它的输出方程和驱动方程，并求状态方程。

输出方程：时序电路的输出逻辑表达式。

驱动方程：各触发器输入信号的逻辑表达式。

状态方程：将驱动方程代入相应触发器的特性方程中所得到的方程。

② 列状态转换真值表。

状态转换真值表简称状态转换表，是反映电路状态转换的规律与条件的表格。

具体做法是将电路的输入变量（也可能没有输入变量）和现态的各种取值代入状态方程和输出方程进行计算，求出相应的次态和输出，从而列出状态转换表。如现态起始值已给定，则从给定值开始计算；如没有给定，则可设定一个现态起始值依次进行计算。

③ 画状态转换图和时序图。

状态转换图：用圆圈及其内的标注表示电路的所有稳态，用箭头表示状态转换的方向，箭头旁的标注表示状态转换的条件，从而得到状态转换示意图，如图3-15(b)所示。

时序图：在时钟脉冲CP作用下，各触发器状态变化的波形图。

④ 分析逻辑功能。

根据状态转图或状态转换真值表来说明电路逻辑功能。

上述4个步骤可简记为4个字"写、算、画、说"。根据电路"写"状态方程；由三组方程"算"状态转换表；根据状态转换表中初态到次态的变化"画"状态转换图；根据电路的状态转换"说"（分析）逻辑电路功能。

下面以举例的方式说明同步时序逻辑电路的分析方法。

例 3-2 试分析图3-14所示电路的逻辑功能，并画出状态转换图。

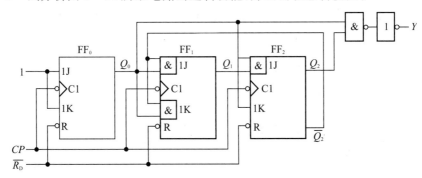

图 3-14 时序逻辑电路分析

解：从图3-14可看出，三个JK触发器是在同一时钟CP脉冲作用下工作，并且是下降沿有效的同步时序电路。$\overline{R_D}$端是异步置0端。

（1）写方程式

① 输出方程：
$$Y = Q_2^n Q_0^n$$

② 驱动方程：
$$\begin{cases} J_0 = K_0 = 1 \\ J_1 = K_1 = \overline{Q_2^n} \cdot Q_0^n \\ J_2 = Q_1^n Q_0^n, \qquad K_2 = Q_0^n \end{cases}$$

JK 触发器的状态方程为

$$Q^{n+1} = J\overline{Q^n} + \overline{K}Q^n$$

③ 将各驱动方程代入状态方程有

$$\begin{cases} Q_0^{n+1} = J_0\overline{Q_0^n} + \overline{K_0}Q_0^n = 1 \cdot \overline{Q_0^n} + \overline{1} \cdot Q_0^n = \overline{Q_0^n} \\ Q_1^{n+1} = J_1\overline{Q_1^n} + \overline{K_1}Q_1^n = \overline{Q_2^n} \cdot Q_0^n \cdot \overline{Q_1^n} + \overline{\overline{Q_2^n} \cdot Q_0^n} \cdot Q_1^n \\ Q_2^{n+1} = J_2\overline{Q_2^n} + \overline{K_2}Q_2^n = Q_1^n \cdot Q_0^n \cdot \overline{Q_2^n} + \overline{Q_0^n} \cdot Q_2^n \end{cases}$$

(2) 列状态转换真值表

将逻辑电路的初始状态的所有取值和输入值代入输出方程和状态方程,计算出输出和逻辑电路的次态值,即可得出状态转换真值表,如表 3-6 所列。

表 3-6 状态转换真值表

现态			次态			输出
Q_2^n	Q_1^n	Q_0^n	Q_2^{n+1}	Q_1^{n+1}	Q_0^{n+1}	y
0	0	0	0	0	1	0
0	0	1	0	1	0	0
0	1	0	0	1	1	0
0	1	1	1	0	0	0
1	0	0	1	0	1	0
1	0	1	0	0	0	1
1	1	0	1	1	1	0
1	1	1	0	1	0	1

(3) 画状态转换图

将状态转换表中现态在时钟脉冲作用下,从现态变化到次态的变化过程依次画出,即可得出状态转换图。如图 3-15(a)所示,圆圈内的状态是现态,箭头指向次态,X/Y 表示输入/输出状态。根据状态转换真值表,可画出状态转换图如图 3-15(b)所示。

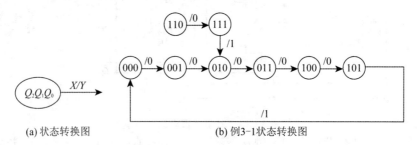

(a) 状态转换图　　　　　　(b) 例3-1状态转换图

图 3-15 状态转换图

根据状态转换表和状态转换图可绘出时序图,留给读者练习。

(4) 分析逻辑功能

从状态转换表和状态转换图可看出,从初始状态 $Q_2^n Q_1^n Q_0^n = 000$ 开始,来一个时钟脉冲,电路的状态变为 001,每来一个时钟脉冲依次增加 1,第 6 个脉冲时,状态又回到 000,同时输出状态 $Y=1$。可见电路组成一个六进制计数器,电路从 000 计到 101 时,再来一个计数脉冲下降沿时进位输出 1,计数器复 0。

(5) 检查电路能否自启动

所谓自启动，就是电路加电后，输入时钟信号使电路能自动地进入到计数循环中，没有孤立状态和另外独立的计数环。电路图 3-14 有三个触发器，可计 $2^3=8$ 个状态，若开机时，电路处于 110 状态，经两个时钟脉冲回到 010 状态，就进入到计数循环内，所以电路能自启动。若电路不能自启动，可修改电路或利用开机复位的功能将计数状态置于计数循环中，使电路能自启动。

再举一个具有输入信号的同步时序逻辑电路进行分析。

例 3-3 试分析图 3-16 所示电路的逻辑功能，并画出状态转换图。

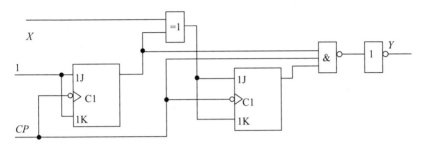

图 3-16 有输入信号时序逻辑电路分析

解：分析步骤如下：

(1) 写方程式

① 输出方程为

$$Y = Q_1^n Q_0^n CP$$

② 驱动方程为

$$\begin{cases} J_0 = 1, K_0 = 1 \\ J_1 = X \oplus Q_0^n, \quad K_1 = X \oplus Q_0^n \end{cases}$$

③ 状态方程为

$$\begin{cases} Q_0^{n+1} = J_0 \overline{Q_0^n} + \overline{K_0} Q_0^n = \overline{Q_0^n} \\ Q_1^{n+1} = J_1 \overline{Q_1^n} + \overline{K_1} Q_1^n = \\ \qquad (X \oplus Q_0^n)\overline{Q_1^n} + \overline{(X \oplus Q_0^n)} Q_1^n = \\ \qquad (X \oplus Q_0^n)\overline{Q_1^n} + (X \odot Q_0^n) Q_1^n \end{cases}$$

(2) 列状态转换真值表

由于输入控制信号 X 可取 0，也可取 1，因此，应分别列出 $X=0$ 和 $X=1$ 的两张状态转换真值表。设电路的现态为 $Q_1^n Q_0^n = 00$，代入各式进行计算，可得表 3-7 和表 3-8 所列的状态转换真值表。

表 3-7 $X=0$ 时状态转换真值表

现态		次态		输出
Q_1^n	Q_0^n	Q_1^{n+1}	Q_0^{n+1}	Y
0	0	0	1	0
0	1	1	0	0
1	0	1	1	0
1	1	0	0	1

表 3-8 $X=1$ 时状态转换真值表

现态		次态		输出
Q_1^n	Q_0^n	Q_1^{n+1}	Q_0^{n+1}	Y
0	0	1	1	0
1	1	1	0	1
1	0	0	1	0

(3) 画状态转换图

根据表 3-7 和表 3-8 可进分别画出状态转换图,如图 3-17 所示。

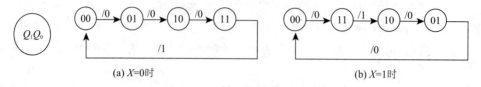

(a) $X=0$ 时 (b) $X=1$ 时

图 3-17 状态转换图

(4) 逻辑功能说明

从表 3-7 和状态图 3-17(a)可看出,在 $X=0$ 时,电路为两位二进制加法计数器。从表 3-8 和状态图 3-17(b)又可看出,在 $X=1$ 时,电路为两位二进制减法计数器。因此,图 3-16 所示电路为同步四进制加/减法计数器。

3.2.3 寄存器

1. 寄存器

寄存器的功能就是用于寄存一组二值代码,它被广泛用于各类数字系统和数字计算机中。因为一个触发器能储存 1 位二值代码,所以常用 N 个触发器组成的寄存器储存一组 N 位的二值代码。

图 3-18 由 4 个 D 触发器组成的 4 位二进制寄存器,d_3,d_2,d_1,d_0 是 4 个数据输入端,Q_3,Q_2,Q_1,Q_0 是 4 位数据寄存输出端。CP 的上升沿时,4 个 D 端的数据传送到 4 个 Q 端被保存下来。$\overline{R_D}$ 端为异步置 0 端,$\overline{R_D}=0$ 时,4 个 Q 端被置为 0。

集成电路寄存器 74LS175 就是这样结构的电路,电路中用 D 触发器组成 4 位寄存器。在集成寄存器电路中,为了使用的灵活性,在这些寄存器电路中一般都附加了一些控制电路,使寄存器增添了异步置 0、输出三态控制和"保持"等功能。

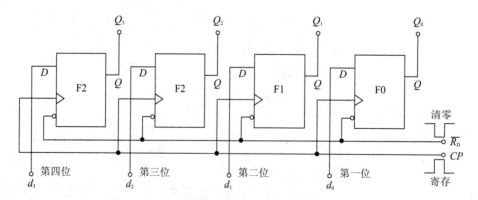

图 3-18 D 触发器构成的寄存器原理电路

在图 3-18 寄存器电路中,接收数据时所有各位代码是同时输入的,而且触发器中的数据也是并行地出现在输出端,因此将这种输入、输出方式叫并行输入、并行输出方式。

2. 移位寄存器

移位寄存器除了具有存储代码的功能外,还具有移位功能。所谓移位功能,是指寄存器里存储的代码能在移位脉冲的作用下依次左移或右移。因此,移位寄存器不但可以用来寄存代码,还能够用来实现数据的串行-并行之间的转换、数值的运算以及数据处理等功能。

图 3-19 所示电路是由 JK 触发器组成的 4 位移位寄存器。输入信号 D 从右边的一个触发器 F_0 的 J,K 端输入,$J_0=D,K_0=\overline{D}$,F_0 的输出 Q_0 和 $\overline{Q_0}$ 做下一级触发器 F_1 的输入(J_1,K_1),其余的每个触发器输入端(J,K)均与右边一个触发器的 Q 和 $\overline{Q}$ 端相连。可写出 F_0,F_1,F_2 和 F_3 各触发器的状态方程为

$$\begin{cases} Q_0^{n+1}=J_0\,\overline{Q_0^n}+\overline{K_0}Q_0^n=D\,\overline{Q_0^n}+\overline{\overline{D}}Q_0^n=D \\ Q_1^{n+1}=J_1\,\overline{Q_1^n}+\overline{K_1}Q_1^n=Q_0^n\,\overline{Q_1^n}+\overline{\overline{Q_0^n}}Q_1^n=Q_0^n \\ Q_2^{n+1}=J_2\,\overline{Q_2^n}+\overline{K_2}Q_2^n=Q_1^n\,\overline{Q_2^n}+\overline{\overline{Q_1^n}}Q_2^n=Q_1^n \\ Q_3^{n+1}=J_3\,\overline{Q_3^n}+\overline{K_3}Q_3^n=Q_2^n\,\overline{Q_3^n}+\overline{\overline{Q_2^n}}Q_3^n=Q_2^n \end{cases}$$

从上式可看出,第一个 CP 脉冲触发后,F_0 的次态为输入数据 D,第二个 CP 脉冲触发后,第一个数据移动到 F_1 的输出端,F_0 的输出为第二个数据。在 CP 脉冲作用下,第一个数据 D 从 F_0 依次向下一级触发器移动,新的数据又移入到 F_0 的输出端,经 4 个 CP 脉冲,第一个数据移动到 F_3 的输出端,这就是移位的过程。由于从 CP 下降沿到达开始,到输出端新状态的建立需要经过一段传输延迟时间,所以当 CP 的下降沿同时作用于所有的触发器时,它们输入端(J 端)的状态还没有改变。于是 F_1 的次态是按 Q_0 原来的状态翻转,F_2 按 Q_1 原来的状态翻转,F_3 是按 Q_2 原来的状态翻转。同时,加到寄存器输入端 D 的代码存入 F_0。总的效果相当于移位寄存器里原有的代码依次左移了一位。

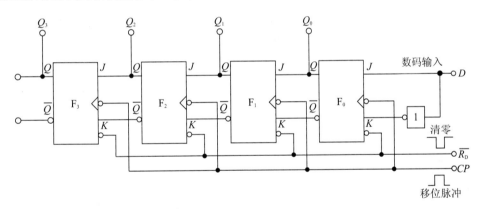

图 3-19 JK 触发器构成的移位寄存器原理电路图

3. 集成移位寄存器及应用

集成移位寄存器有 TTL 和 CMOS 电路,如 4 位移位寄存器 74LS94,4035;8 位移位寄存器 74LS164,74LS165,4014;4 位双向移位寄存器 74LS194,40104 等。这里仅以双向移位寄存器 74LS194 为例介绍移位寄存器的应用。

74LS194 引脚功能如图 3-20 所示,A,B,C,D 是 4 位并行数据输入端,QA,QB,QC,QD 是 4 位数据输出端,DR 是右移串行数据输入端,DL 是左移串行数据输入端,$\overline{CR}$ 为清零端($\overline{CR}=0$,4 个 Q 为 0000),CP 为时钟输入端,S_1 和 S_0 是功能控制端。74LS194 的功能如表 3-9 所列。

$\overline{CR}$	S1	S0	工作状态
0	×	×	置零
1	0	0	保持
1	0	1	右移
1	1	0	左移
1	1	1	并行输入

表 3-9 双向移位寄存器 74LS194 的功能表

图 3-20 双向移位寄存器 74LS194 的引脚功能图

用 74LS194 接成多位双向移位寄存器的方法十分简单。图 3-21 是用 2 片 74LS194 接成双向移位寄存器的连接电路图。只需将其中一片的 Q_3 接至另一片的 D_R 端,而另一片的 Q_0 端接至这一片的 D_L 端,同时把两片的 S_1、S_0、CP 和 $\overline{CR}$ 并联就可以了。

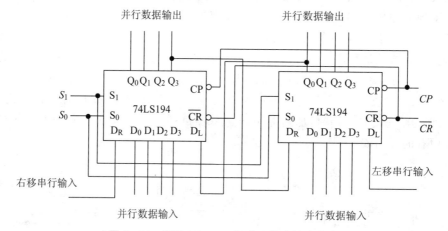

图 3-21 两片 74LS194 组成 8 位移位寄存器

3.2.4 计数器

在数字系统中使用得最多的时序电路是计数器。计数器不仅能用于对时钟脉冲计数,还可以用于分频、定时、产生节拍脉冲序列以及进行数字运算等。

计数器种类繁多,如果按计数器中的触发器是否同时翻转分类,可以把计数器分为同步计数器和异步计数器两种。

按计数过程中计数器中的数字增减分类,又可以把计数器分为加法计数器、减法计数器和可逆计数器(或称为加/减计数器)。

按计数器中数字的编码方式分类,还可以分成二进制计数器、二-十进制计数器、循环码计数器等。

此外,有时也用计数器的计数容量来区分各种不同的计数器,如十进制计数器、六十进制计数器等。

1. 同步计数器

(1) 加计数器

目前生产的同步计数器芯片基本上分为二进制和十进制两种。四位二进制计数器也称为十六进制计数器。

电路根据二进制的加法原理进行加计数,在一个多位二进制数的末位上加 1 时,若其中第 i 位(即任何一位)以下各位皆为 1 时,则第 i 位应改变状态(由 0 变成 1,由 1 变成 0)。而最低位的状态在每次加 1 时都要改变。

同步计数器既可用 T 触发器构成,也可以用 T′ 触发器构成。

中规模集成电路 74161 就是一个用 T 触发器构成的 4 位同步二进制计数器,电路引脚如图 3-22 所示。D_0,D_1,D_2,D_3 是 4 位并行数据输入端,Q_0,Q_1,Q_2,Q_3 是 4 位数据输出端,EP、ET 是功能控制端,CP 是计数脉冲输入端,$\overline{LD}$ 是置数控制端。因此,这个集成电路除了具有二进制加法计数功能外,还具有预置数、保持和异步置零(复位)等功能。

还有异步置零 $\overline{CR}$ 端,即只要 $\overline{CR}$ 出现低电平,触发器立即被置零,不受 CP 的控制。74161 160 的功能表如表 3-10 所列。

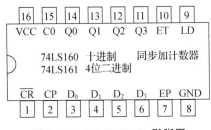

图 3-22 74LS160 161 引脚图

表 3-10 74161 160 的功能表

CP	$\overline{CR}$	$\overline{LD}$	EP	ET	工作状态
×	0	×	×	×	置零
↑	1	0	×	×	预置数
×	1	1	0	1	保持
×	1	1	×	0	保持(C=0)
↑	1	1	1	1	计数

当 $\overline{CR}=\overline{LD}=EP=ET=1$ 时,电路工作在计数状态。从电路的 0000 状态开始,连接输入 16 个计数脉冲时,电路的计数输出状态如表 3-11 所列。

用状态转换表对应的输出状态,画出对应的时序图如图 3-23 所示。由时序图上可以看出,若计数输入脉冲的频率为 f_0,则 Q_0、Q_1、Q_2 和 Q_3 端输出脉冲的频率将依次为 $f_0/2$,$f_0/4$,$f_0/8$ 和 $f_0/16$。针对计数器的这种分频功能,也把它叫做分频器。

表 3-11 状态转换

计数顺序	电路状态				等效十进制数	进位输出 C
	Q_3	Q_2	Q_1	Q_0		
0	0	0	0	0	0	0
1	0	0	0	1	1	0
2	0	0	1	0	2	0
3	0	0	1	1	3	0
4	0	1	0	0	4	0
5	0	1	0	1	5	0
6	0	1	1	0	6	0
7	0	1	1	1	7	0
8	1	0	0	0	8	0
9	1	0	0	1	9	0
10	1	0	1	0	10	0
11	1	0	1	1	11	0
12	1	1	0	0	12	0
13	1	1	0	1	13	0
14	1	1	1	0	14	0
15	1	1	1	1	15	1
16	0	0	0	0	0	0

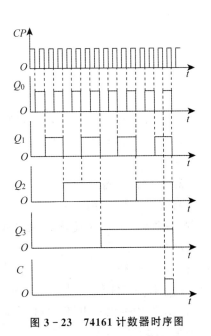

图 3-23 74161 计数器时序图

每输入 16 个计数脉冲,计数器工作一个循环,并在输出端 C 产生一个进位输出信号,所以又把这个电路称为十六进制计数器。

在同步十六进制计数器 74161 的基础上,修改其控制电路,使电路在 0000 的基础上,输入第十个计数脉冲时,电路返回 0000 状态,这就是同步十进制加法计数器 74160。

74160 的引脚排列和功能表与 74161 的相同。

(2)可逆计数器

有些应用场合要求计数器既能进行递增计数,又能进行递减计数,这就需要做成加/减计数器。

74LS191 是单时钟同步十六进制加/减计数器。74LS191 引脚功能如图 3-24 所示。

图中,CP_O 是串行时钟输出端。当 $C/B=1$ 的情况下,在下一个 CP_1 上升沿到达前,CP_O 端有一个负脉冲输出。当加/减控制信号 $D/\overline{U}=0$ 时做加法计数;当 $D/\overline{U}=1$ 时做减法计数。电路只有一个时钟信号输入端,电路的加/减运算由 $D/\overline{U}$ 的电平决定,所以称这种电路结构为单时钟结构。

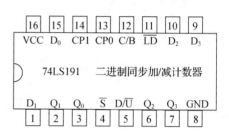

图 3-24　74LS191 引脚功能图

74191 的功能表如表 3-12 所列。74191 除了计数之外,还具有异步预置数功能。

表 3-12　74191 的功能表

预置	使能	加/减控制	时钟	预置数据输入				输出				工作模式
L_D	$\overline{S}$	$D/\overline{U}$	$CP1$	D_3	D_2	D_1	$D0$	Q_3	Q_2	Q_1	Q_0	
0	×	×	×	d_3	d_2	d_1	d_0	d_3	d_2	d_1	d_0	异步置数
1	1	×	×	×	×	×	×	保			持	数据保持
1	0	0	↑	×	×	×	×	计			数	加法计数
1	0	1	↑	×	×	×	×	计			数	减法计数

图 3-25 是 74191 的时序图,由时序图上可以更清楚地表示引脚间的电平变化情况。时序图给出 $\overline{U}/D=0$ 和 1 时,74191 加计数和减计数时的工作波形。

与 74191 类似,生产了十进制的可逆计数器 74190,引脚功能和功能表都与 74191 相同,区别仅仅是 74190 为十进制计数器。另外,74193 为双时钟脉冲的加/减计数器。在应用中请参阅相关手册。

2. 异步计数器

与同步计数器相比,异步计数器具有结构简单的优点。但异步计数器也存在两个明显的缺点:一个是工作频率比较低,因为异步计数器的各级触发器是以串行进位方式连接的;第二个是触发器输出端状态的建立要比 CP 下降沿滞后一个传输延迟时间,在电路状态译码时存在竞争冒险现象。

这里仅以 74LS290 为例,74LS290 是二-五-十进制异步计数器,它的逻辑电路如图 3-26 所示。从图中可以看出,F_0 的时钟输入端是 CP_0,F_2 的时钟是 $Q1$,而 F_1 和 F_3 的时钟是另外一个输入端 CP_1 引入。

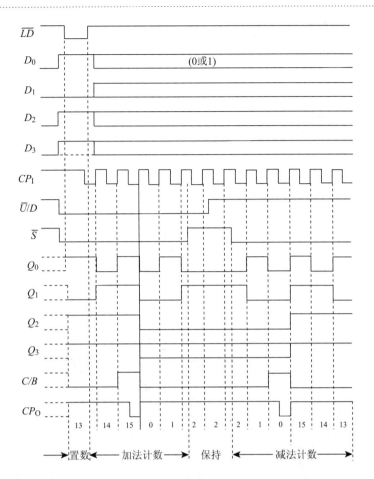

图 3-25 同步十六进制计数器 74LS191 的时序图

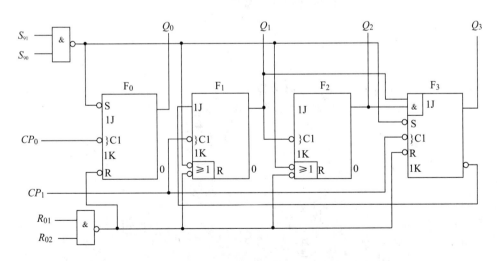

图 3-26 74LS290 二-五-十进制异步计数器内部电路图

电路若以 CP_0 为计数脉冲输入端、Q_0 为输出端,即得到二进制计数器(或二分频器);若以 CP_1 作为计数脉冲输入端、Q_3 为输出端,则得到五进制计数器(或五分频器);若将 CP_1 与 Q_0 相连,同时以 CP_0 为计数脉冲输入端、Q_3 为输出端,则得到十进制计数器(或十分频器)。

3. 集成计数器的应用方法和举例

常见的计数器芯片在计数进制上只做成应用较广的几种类型，如十进制、十六进制、7位二进制、12位二进制、14位二进制等。在需要其他任意一种进制的计数器时，常用已有的计数器产品经过外电路的不同连接方式来加以实现。

假定已有的是 N 进制计数器，而需要得到的是 M 进制计数器。这时有 $M<N$ 和 $M>N$ 两种可能的情况。下面简要介绍两种情况下构成任意一种进制计数器的方法。

（1）$M<N$ 的情况

在 N 进制计数器的顺序计数过程中，若设法使之跳越 $N-M$ 个状态，就可以得到 M 进制计数器了。

实现跳越的方法有置零法（或称复位法）和置数法（或称置位法）两种。

置零法适用于有异步置零输入端的计数器。它的工作原理是：设原有的计数器为 N 进制，当它从全 0 状态 S_0 开始计数并接收了 M 个计数脉冲以后，电路进入 S_M 状态。如果将 S_M 状态译码产生一个置零信号加到计数器的异步置零输入端，使计数器立即返回到 S_0 状态，这样就可以跳过 $N-M$ 个状态而得到 M 进制计数器（或称为分频器）。图 3-27(a) 为置零法原理示意图。

图 3-27(a) 表示了两种情况。一是对于同步置零（如 74LS163），$\overline{CR}=0$ 时，并不立即置零，而要下一个 CP 脉冲到来时，才将输出置零，所以计到 S_{M-1} 时 $\overline{CR}=0$，电路从 S_{M-1} 开始置零。另一种是异步置零（如 74LS161），置零不受 CP 脉冲控制，$\overline{CR}=0$ 时，电路立即置零，因此电路必须计数到 S_M，如图 3-27(a) 中虚线所示。由于电路一进入 S_M 状态后立即又被置成 S_0 状态，所以 S_M 状态仅在极短的瞬时出现，在稳定的状态循环中不包括 S_M 状态。

置数法与置零法不同，它是通过给计数器重复置入某个数值的方法跳越 $N-M$ 个状态，从而获得 M 进制计数器的，如图 3-27(b) 所示。置数操作可以在电路的任何一个状态下进行，这种方法适用于有预置数功能的计数器电路。

对于同步式预置数的计数器（如 74LS160，74LS161），$\overline{LD}=0$ 的置数信号应从 S_i 状态译出，待下一个 CP 信号到来时，才将要置入的数据置入计数器中。稳定的状态循环中包含有 S_i 状态。而对于异步式预置数的计数器（如 74LS190，74LS191），只要 $\overline{LD}=0$ 信号一出现，立即会将数据置入计数器中，而不受 CP 信号的控制，因此 $\overline{LD}=0$ 信号应从 S_{i+1} 状态译出，S_{i+1} 状态只在极短的瞬间出现，稳态的状态循环中不包含这个状态，如图 3-27(b) 中虚线所示。

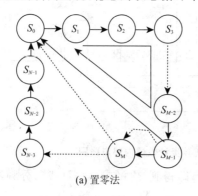
(a) 置零法

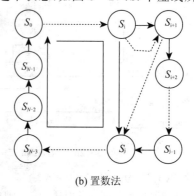
(b) 置数法

图 3-27 获得 M 进制的两种方法

例 3-4 用同步十进制计数器 74160 构成同步六进制计数器。

74160 是十进制计数器,计数状态变化如图 3-28 所示,在计数状态中可任选 6 个计数状态实现六进制计数。

若用置数法,初始值为 0000,计到 0101 时,再来一个计数脉冲电路置数,将 4 个 Q 端置为 0000,并且产生进位信号,计数状态如图 3-29 中从状态 0101 到 0000 的状态变化。用 74LS160 连接电路如图 3-29 所示。

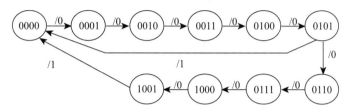

图 3-28 同步十进制计数器 74160 的计数状态

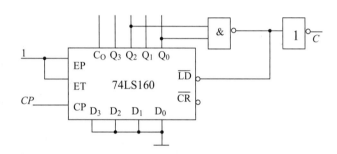

图 3-29 用置数法将 74160 接成六进制计数器

(2) $M > N$ 的情况

$M > N$ 则必须用多片 N 进制计数器组合起来,才能构成 M 进制计数器。各片之间(或称为各级之间)的连接方式可分为串行进位方式、并行进位方式、整体置零方式和整体置数方式几种。下面仅以两级之间的连接为例简要说明这四种连接方式的原理。

若 M 可以分解为两个小于 N 的因数相乘,即 $M = N_1 \times N_2$,则可采用串行进位方式或并行进位方式将一个 N_1 进制计数器和一个 N_2 进制计数器连接起来,构成 M 进制计数器。

在串行进位方式中,以低位片的进位输出信号作为高位片的时钟输入信号;在并行进位方式中,以低位片的进位输出信号作为高位片的工作状态控制信号(计数器的使能信号),两片的 CP 输入端同时接计数输入信号。

当 M 为大于 N 的素数时,不能分解成 N_1 和 N_2,这时就必须采取整体置数和整体置零的方式构成 M 进制计数器。

用两片 74160 组成 60 进制计数器,60 进制计数计到 59 时,向高位进位,而计数器复位为 0。由于 $60 = 6 \times 10$,可将两片分为低位片和高位片,低位片作十进制计数。当高位片计数到 5,低片计到 9 时,计数器向高位进位,整个两片计数器复 0。电路连接可采用并行计数和串行计数,这里采用并行计数,整体复位的方法实现 60 进制,电路连接如图 3-30 所示。

下面再举一例计数器的应用。

例 3-5 "12 翻 1"计数器设计。从 1 开始加 1 计数,计满 12 返回 1 重新开始计数。要求用数码管显示计数过程。

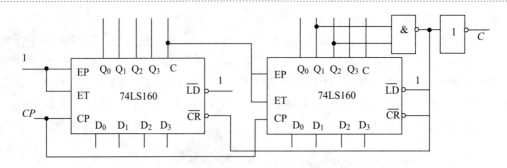

图 3-30 用两片 74LS160 实现 60 进制计数

解：这个设计相当于时钟的小时计数器，当时钟从 1 点计数到 12 点时，接着又是 1 点，所以称之为"12 翻 1"。为了用数码管显示，其状态编码（BCD）如图 3-31 所示。

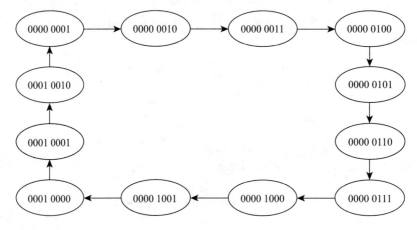

图 3-31 "12 翻 1"状态（BCD）编码

这里为了体现用集成触发器设计 M 进制计数器的设计思路，计数器仍选用 74LS160，74LS160 输出 8421 码直接传输给显示译码器，驱动显示器显出十进制数字。

因为 $M=12$ 大于 74LS160 的计数范围 $N=10(M>N)$，所以用两级计数器。采用置数法，计到 12 时将初始状态置为 1，即当计数到 00010010 时，$\overline{LD}=\overline{Q_{10} \cdot Q_{01}}$。设计原理电路图如图 3-32 所示。

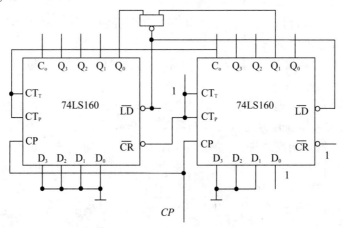

图 3-32 "12 翻 1"原理电路图

当电路计数到12(0001 0010)时,与非门输出0,使两块74LS160的$\overline{LD}=0$,下一个CP脉冲到来将高位片置为0000,低位片置成0001,显示出1,实现"12 翻 1"。

4. 中规模时序逻辑电路使用中几点注意

① 时序电路在使用中一定要注意电路的动作特点,电路是在时钟脉冲的上升沿时刻还是下降沿时刻状态发生翻转。时序电路的动作是"沿"的概念。

② 对于有异步置0或异步置1的集成电路,是用低电平置0、置1,还是用高电平置0、置1。对于计数器还要弄清是同步置0、置1(占用CP脉冲),还是异步置0置1(不占用CP脉冲),如74LS161是异步置0,而74LS163是同步置0。

③ 计数器具有置数功能,同样也有同步置数和异步置数之分。

④ 注意灵活地运用使能端,以扩展电路的功能。

3.2.5 顺序脉冲发生器

顺序脉冲发生器就是产生一组按时间先后顺序排列的脉冲信号的电路。在一些数字系统中,常用顺序脉冲发生器产生一组在时间上有一定先后顺序的脉冲信号,来完成特定的操作和控制。根据需要的脉冲时序,选择合适的电路加以实现。这里仅以一个实例来说明脉冲顺序的构成和输出波形。

用移位寄存器构成从4个Q端依次输出脉冲信号的脉冲发生器。选用前面介绍过的双向移位寄存器74LS194来实现这样一个功能。根据74LS194的功能表,设从$Q_3 \sim Q_0$依次输出脉冲信号,初始设置$D_3D_2D_1D_0 = 1\,000$,使$Q_3Q_2Q_1Q_0 = 1\,000$,使$S_1S_0 = 10$寄存器为左移,从Q_3移向Q_1,设计电路如图3-33(a)所示,输出波形如图3-33(b)所示。

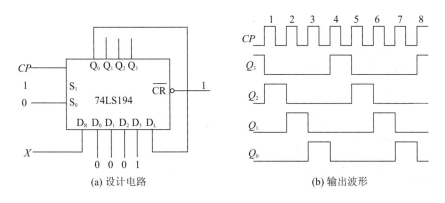

(a) 设计电路　　　　　(b) 输出波形

图 3-33　用 74LS194 构成的顺序脉冲发生器和工作波形

由不同的电路构成顺序脉冲发生器的方法较多,如在要求输出顺序脉冲数较多时,可以用计数器和译码器组合成顺序脉冲发生器,这里就不再一一介绍了。

本章小结

1. 基本触发器:把两个与非门或者或非门交叉连接起来,便构成了基本RS触发器。它最显著的特点是输入信号电平直接控制。

2. 边沿触发器:边沿触发器最显著的特点是边沿控制——CP 上升沿触发或下降沿触发,触发器在 CP 上升沿或下降沿时刻接收输入信号的值,其他时间输入信号均不起作用。

3. 时序逻辑电路任何时刻输出信号不仅和当时的输入信号有关,而且还和电路原来所处的状态有关。从电路的组成来看,时序电路一定含有存储电路(触发器)。

4. 时序逻辑电路可以用状态方程、状态转换表、状态转换图或时序图来描述,它们虽然形式不同,特点各异,但在本质上是相通的,可以相互转换。

5. 时序逻辑电路的功能分析方法:① 根据给定的时序电路写出时钟方程、驱动方程、输出方程;② 求状态方程;③ 分析计算,列写状态转换表;④ 画状态转换图,必要时还可以画时序图。

6. 寄存器是用触发器的两个稳定状态来存储 0,1 数据,一般具有清 0、存数、输出等功能。可以用基本 RS 触发器配合一些控制电路或用 D 触发器来组成数据寄存器。

7. 计数器是一种非常典型、应用很广的时序电路,它不仅能统计输入时钟脉冲的个数,还可用于分频、定时、产生节拍脉冲等。计数器类型很多,按计数器脉冲的引入方式可分为同步计数器和异步计数器;按计数体制可分为二进制计数器、二-十进制计数器和任意进制计数器;按计数器中数字的变化规律可分为加法计数器、减法计数器和可逆计数器。

8. 对各种集成寄存器和计数器,应重点掌握它们的逻辑功能;对于内部的逻辑电路分析,则放在次要位置。现在已生产出的集成时序逻辑电路品种很多,可实现的逻辑功能也较强,应在熟悉其功能的基础上加以充分利用。

习　题

1. 题图 3-1(a)是由与非门构成的基本 RS 触发器。试画出在题图 3-1(b)所示输入信号作用下的触发器输出端 Q 和 $\overline{Q}$ 波形。

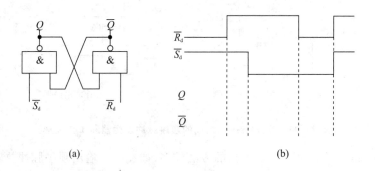

题图 3-1

2. 试分析题图 3-2 所示电路,列出特性表,写出特性方程,说明其逻辑功能。

3. 已知 D 触发器 CP 和 D 的输入的波形如题图 3-3 所示。设 D 触发器为上升沿触发,试对应画出输出端 Q 的波形。

4. 试写出题图 3-4 中各 TTL 触发器输出的次态方程(Q^{n+1}),并画出 CP 波形作用下的输出波形(设各触发器的初态均为 0)。

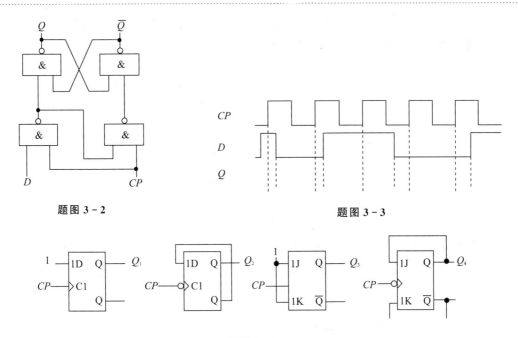

题图 3 - 2   题图 3 - 3

题图 3 - 4

5. 时序逻辑电路如题图 3 - 5 所示,触发器为维持阻塞型 D 触发器,设初态均为 0。
① 画出在题图 3 - 5(b)所示 CP 作用下的输出 Q_1、Q_2 和 Y 的波形;
② 分析 Y 与 CP 的关系。

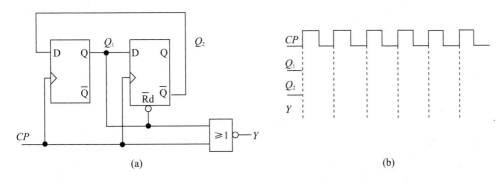

题图 3 - 5

6. 如题图 3 - 6 所示同步时序逻辑电路,试分析该电路为几进制计数器?画出电路的状态转换图。

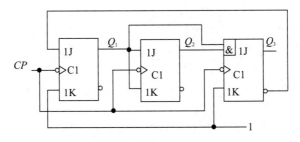

题图 3 - 6

7. 时序逻辑电路如题图 3-7 所示,设起始状态为 $Y_3Y_2Y_1Y_0=0001$,试分析电路的逻辑功能(要求画出时序电路的状态图和时序图)。

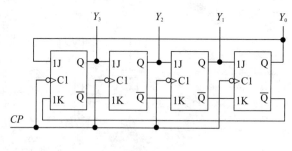

题图 3-7

8. 题图 3-8 所示电路图中,分别用复位法(异步清零)(见题图 3-8(a))和置数法(同步置数)(见题图 3-8(b))构成 M 进制计数器。试分析题图 3-8 为几进制计数器(画出状态转换图)。

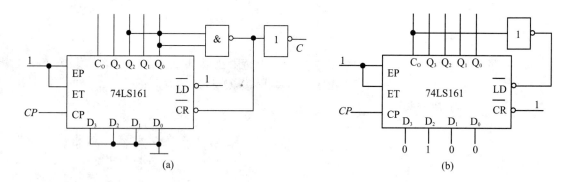

题图 3-8

9. 分析题图 3-9 所示电路是几进制计数器。

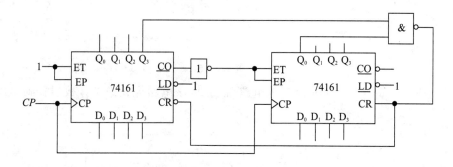

题图 3-9

10. 74LS290 中规模集成计数器(二-五-十进制计数器),试分析图 3-10 所示电路各为几进制计数器。

11. 试用 74LS160 设计一个八进制计数器。

12. 试用 74LS161 设计一个二十四进制计数器。

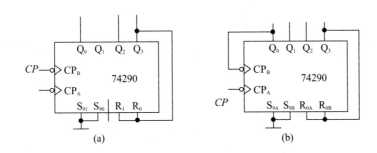

题图 3-10

13. 试用 74LS160 设计一个一百进制计数器。

14. 设计一个 8 位负脉冲序列发生器。

15. 设计一个 8 路彩灯控制电路，用 LED 作彩灯。要求能实现彩灯从左到右移动和从右向左移动。

第4章 脉冲波形的产生与整形电路

在数字电路中,提供脉冲信号一般有两种方法,一是采用脉冲振荡器直接产生,二是利用整形电路把已有的其他波形变换成所需要的脉冲波形。

本章介绍555定时器、单稳态触发器、施密特触发器、RC多谐振荡器、石英晶体振荡器及相应的集成电路产品。

4.1 概 述

在同步时序逻辑电路中,矩形脉冲作为时钟信号控制和协调着整个系统的工作。因此,时钟脉冲的特性直接关系到系统能否正常工作。为了定量描述矩形脉冲的特性,通常给出图4-1中所标注的几个主要参数。

脉冲周期 T:周期性重复的脉冲序列中,两个相邻脉冲之间的时间间隔。有时也使用频率 $f=1/T$ 表示单位时间内脉冲重复的次数。

脉冲幅度 U_m:脉冲电压的最大变化幅度。

脉冲宽度 t_w:从脉冲前沿上升到 $0.5U_m$ 起,到脉冲的下降沿下降到 $0.5U_m$ 为止的一段时间。

上升时间 t_r:脉冲上升沿从 $0.1U_m$ 上升到 $0.9U_m$ 所需要的时间。

下降时间 t_f:脉冲下降沿从 $0.9U_m$ 下降到 $0.1U_m$ 所需要的时间。

占空比 q:脉冲宽度与脉冲周期的比值,即
$$q=t_w/T$$

在脉冲电路中按实际需要来确定脉冲的周期和占空比,并希望脉冲的上升沿和下降沿尽可能小。此外,在将脉冲信号用于具体的数字系统时,有时还可能有一些特殊的要求,如脉冲周期和幅度的稳定性等,这时还需要增加一些相应的性能参数来加以说明。

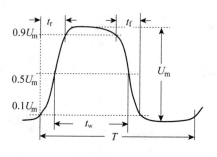

图4-1 描述脉冲的几个主要参数

4.2 555定时器

4.2.1 概 述

555定时器是一种电路结构简单、使用方便灵活、用途广泛的多功能集成电路。只要外接几个阻容元件便可以组成施密特触发器、单稳态触发器、多谐振荡器等电路。555定时器有双极型(如国产5G555)和CMOS型(如国产CC7555)。双极型555定时器的电源电压范围为

5~16 V,最大负载电流可达 200 mA。CMOS555 定时器电源电压范围为 3~18 V,最大负载电流小于 4 mA。所以,555 定时器可驱动微电机、指示灯、扬声器等,广泛用于脉冲的产生与变换、仪器与仪表、测量与控制、家用电器与电子玩具等领域。

4.2.2 555 定时器

图 4-2 是双极型 5G555 定时器的逻辑电路图。从原理电路可以看出,它是一个由模拟电路和数字电路共同组成的集成电路。其内部包含有两个电压比较器 A_1 和 A_2(包括电阻分压电路)、G_1 和 G_2 组成的基本 RS 触发器、集电极开路的放电管 V 和缓冲输出级 G_3。由于比较器的分压电路由 3 个 5 kΩ 的电阻构成,所以称之为 555 电路。555 电路的封装外形如图 4-2(b)所示。

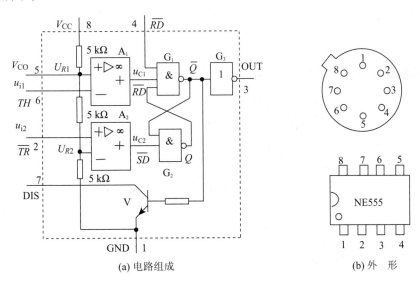

(a) 电路组成   (b) 外　形

图 4-2　555 定时器的电路组成

图 4-2(a)中,比较器 A_1 的同相端由分压电阻提供 $U_{R1}=\dfrac{2}{3}V_{CC}$ 作基准电压,反相端 TH 称阈值输入端。A_2 的反相端分压电阻提供 $U_{R2}=\dfrac{1}{3}V_{CC}$ 作基准电压,同相端 $\overline{TR}$ 端称触发输入端。V_{CO} 为控制端,用于外接 V_{CO} 改变内部分压器分压值。$\overline{RD}$ 端为置 0 端,$\overline{RD}=0$ 时,输出端(OUT)输出电压 u_o 为低电平,555 在正常工作时 $\overline{RD}$ 端必须为高电平。

设 TH 和 $\overline{TR}$ 端的输入电压分别为 u_{i1} 和 u_{i2}。555 定时器的工作过程如下:

当 $u_{i1}>U_{R1}$,$u_{i2}>U_{R2}$ 时,比较器 A_1 和 A_2 的输出 $u_{o1}=0$,$u_{o2}=1$,基本 RS 触发器被置 0,即 $Q=0$,$\overline{Q}=1$,输出 $u_o=0$,同时 V 导通。

当 $u_{i1}<U_{R1}$,$u_{i2}<U_{R2}$ 时,比较器 A_1 和 A_2 的输出 $u_{o1}=1$,$u_{o2}=0$,基本 RS 触发器被置 1,即 $Q=1$,$\overline{Q}=0$,输出 $u_o=1$,同时 V 截止。

当 $u_{i1}<U_{R1}$,$u_{i2}>U_{R2}$ 时,比较器 A_1 和 A_2 的输出 $u_{o1}=1$,$u_{o2}=1$,基本 RS 触发器保持原状态不变,输出 u_o,且 V 的状态维持不变。

当 $u_{i1}>U_{R1}$,$u_{i2}<U_{R2}$ 时,比较器 A_1 和 A_2 的输出 $u_{o1}=0$,$u_{o2}=0$,基本 RS 触发器

$Q=\overline{Q}=1$,输出 $u_o=0$,同时 V 导通。

综上所述,555 定时器的功能如表 4-1 所列。

表 4-1　555 定时器的功能表

输入			输出	
$\overline{RD}$	$TH(u_{i1})$	$\overline{TR}(u_{i2})$	u_o	V 状态
0	×	×	0	导通
1	$>2/3V_{CC}$	×	0	导通
1	$<2/3V_{CC}$	$>1/3V_{CC}$	不变	不变
1	$<2/3V_{CC}$	$<1/3V_{CC}$	1	截止

4.3　单稳态触发器

4.3.1　单稳态触发器的工作特点

单稳态触发器与双稳态触器比较具有以下特点:
① 电路只有一个稳态,而另一个状态是暂稳态。
② 在外界触发脉冲作用下,电路能从稳态翻转到暂稳态,在暂稳态维持一段时间以后,又自动返回到稳态。
③ 暂稳态维持时间的长短取决于电路本身的参数,与触发脉冲的宽度和幅度无关。

单稳态触发器在数字电路中常用于脉冲整形、定时和延时电路。所谓整形就是把不规则的波形转换成宽度、幅度都相等的规则的波形;延时就是把输入信号延迟一段时间后再输出。

4.3.2　门电路组成单稳态触发器

1. 电路结构

图 4-3 是用 CMOS 门电路和 RC 微分延时电路组成的单稳态触发器,称为微分型单稳态触发器。u_i 为输入触发脉冲,高电平触发。

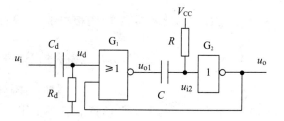

图 4-3　门电路构成的单稳态触发器

2. 工作原理

(1) 稳定状态

无触发信号输入($u_i=0$)时,输入端为低电平,电源 V_{CC} 通过 R 为 G_2 输入端加上高电平,因此,u_o 为低电平,并加到 G_1 的另一输入端,使 u_{o1} 输出为高电平。电容 C 两端电压接近 0,这是电路的稳态。在触发信号到来之前,电路一直保持这一稳态。

(2) 触发电路进入暂稳态

当触发脉冲 u_i 加到电路输入端时,在 R_d 和 C_d 组成的微分电路的输出端得到一对正负脉冲 u_d。当 u_d 的正脉冲大于 G_1 的 U_{TH} 时,使 u_{o1} 产生负跳变,由于 C 两端电压不能突变,使 G_2 输入电压 u_{i2} 产生负跳变,并使 u_o 产生正跳变,又将其反馈到输入端。于是,电路产生如下正反馈过程:

$$u_d \uparrow \to u_{o1} \downarrow \to u_{i2} \downarrow \to u_o \uparrow$$

结果迅速使 u_{o1} 为低电平,由于 C 两端电压不能突变,u_{i2} 为低电平,使 u_o 输出高电平,电路进入暂稳态。

(3) 自动翻转

当 u_{o1} 为低电平时,电源 V_{CC} 经 R 向 C 充电,电容 C 两端电压逐渐升高,即 u_{i2} 升高。当 u_{i2} 上升到 U_{TH} 时,u_o 下降,u_{i1} 下降,u_{o1} 上升,又进一步使 u_{i2} 上升,电路又产生另一个正反馈过程。正反馈过程迅速使 u_{o1} 输出高电平,u_o 输出低电平。

$$u_{i2} \uparrow \to u_o \downarrow \to u_{o1} \uparrow$$

(4) 恢复过程

如果这时触发脉冲已消失(u_d 已回到低电平),则 u_o 输出低电平,u_{o1} 输出高电平,这时电容 C 经 R 放电,使 C 上电压恢复到稳态时的初始值 $u_C=0$。电路恢复到稳定状态,这一过程称为恢复过程。

根据以上的分析,画出电路中各点的电压波形如图 4-4 所示。

3. 输出脉冲宽度的估算

为了定量地描述单稳态触发器的性能,经常使用输出脉冲宽度 t_w、输出脉冲幅度 U_m、恢复时间 t_{re}、分辨时间 t_d 等几个参数,其中最重要的是输出脉冲宽度 t_w。从上面的分析和图 4-4 可知,输出脉冲宽度 t_w 就是暂稳态维持的时间。它等于电容 C 从 $u_C=0$ 开始充电到上升至 $u_{i2}=U_{TH}$(阈值电压)所需的时间。如果 $U_{TH}=0.5V_{CC}$,则暂稳态的脉冲宽度为

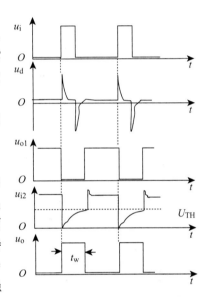

图 4-4 单稳态触发器的工作波形

$$t_w \approx 0.7RC$$

微分型单稳态触发器可以用窄脉冲触发。在使用微分型单稳态触发器时,输入 u_i 的脉冲宽度应小于输出脉冲宽度 t_w。

除微分型单稳态触发器外,还有积分型单稳态触发器。

4.3.3 用 555 定时器构成的单稳态触发器

1. 电路构成

电路如图 4-5(a)所示,将定时器 5G555 的触发输入端 $\overline{TR}$ 作为触发信号 u_i 输入端,放电管 V 的集电极 DIS 端和阈值输入端 TH 接在一起,然后与定时元件 R,C 相接,便构成了单稳态触发器。

2. 工作原理

以图 4-5(b)中输入触发信号 u_i 为例,分析电路的工作原理。

(1) 稳定状态

电路在接通电源后,V_{CC} 经 R 对电容 C 充电,u_C 电压升高,当上升到 $u_C \geq \frac{2}{3}V_{CC}$ 时,比较器

A_1 输出为 0，而此时 u_i 为高电平，且 $u_i > \frac{1}{3}V_{CC}$，电压比较器 A_2 输出为 1，基本 RS 触发器为置 0 状态，$\overline{Q}=1$，三极管 V 导通，电容 C 经 V 放电，电路进入稳定状态。

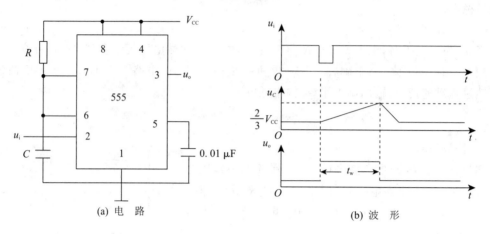

图 4-5 用 555 组成的单稳态触发器电路及波形图

(2) 触发进入暂稳态

当输入 u_i 由高电平 U_{iH} 跳变到小于 $\frac{1}{3}V_{CC}$ 低电平时，比较器 A_2 输出为 0，RS 触发器置 1，即 $Q=1$，$\overline{Q}=0$，输出 u_o 由低电平跳变为高电平 U_{OH}。同时，三极管 V 截止，电源 V_{CC} 经 R 对 C 充电，电路进入暂稳态。在暂稳态期间内，u_i 回到高电平。

(3) 自动返回稳定状态

随着电容充电，电容 C 上电压逐渐升高，当 u_C 上升到 $u_C \geq \frac{2}{3}V_{CC}$ 时，比较器 A_1 的输出为 0，基本 RS 触发器置 0，即 $Q=0$，$\overline{Q}=1$。输出 u_o 由高电平跳变到低电平。同时三极管 V 导通，电容 C 经 V 放电使 $u_C \approx 0$，电路回到稳定状态。

单稳态触发器的输出脉冲宽度 t_w 即为暂稳态维持的时间，它实际上为电容 C 上的电压 u_C 从 0 充到 $\frac{2}{3}V_{CC}$ 所需时间，可用下式进行估算，即

$$t_w \approx 1.1RC$$

4.3.4 集成单稳态触发器

集成单稳态触发器有 TTL 和 CMOS 集成电路的产品，可用上升沿或下降沿触发，还具有置零和温度补偿等功能，工作稳定性能好，得到广泛应用。下面以 TTL 集成单稳态触发器举例说明。

1. 74121 和 74122 引脚及功能

以 TTL 集成单稳态触发器 74121 和 74122 为例，引脚和功能如图 4-6 所示。图中 C_{EXT} 和 R_{EXT}/C_{EXT} 脚之间外接定时电容 C；若使用集成电路内部电阻，则 R_{INT} 端接电源 V_{CC}；若要使提高脉冲宽度和重复性，可在 R_{EXT}/C_{EXT} 端与电源之间外接电阻 R，若外接可调电阻，脉冲宽度可调（也可接在 R_{INT} 与电源间）。74121 和 74122 各引脚的作用如表 4-2 所列。74121 和

74122 的功能如表 4-3 和表 4-4 所列。

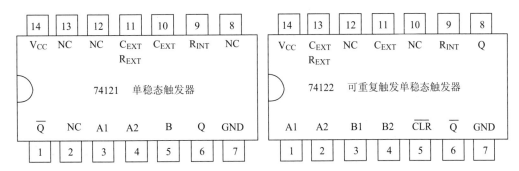

图 4-6　74121 和 74122 引脚图

表 4-2　74121 和 74122 引脚作用

引脚名	作　用
A1,A2	下降沿触发输入端
B1,B2,B	上升沿触发输入端
Q,$\overline{Q}$	输出端
R_{INT}	外接电源，内部接时间常数电阻(也可外接电阻)
C_{EXT}	外接电容端
R_{EXT}/C_{EXT}	与 CEXT 端外接电容，也可再接电阻到电源实现 t_w 可调
$\overline{CLR}$	复位端，当 $\overline{CLR}=0$ 时立即终止暂稳态
V_{CC}	电源正极
GND	地(电源负极)
NC	空脚

表 4-3　74121 功能表

输　入			输　出	
A1	A2	B	Q	$\overline{Q}$
L	×	H	L	H
×	L	H	L	H
×	×	L	L	H
H	H	×	L	H
H	↓	H	⎍	⎎
↓	H	H	⎍	⎎
↓	↓	H	⎍	⎎
L	×	↑	⎍	⎎
×	L	↑	⎍	⎎

表 4-4　74122 功能表

输　入					输　出	
$\overline{CLR}$	A1	A2	B1	B2	Q	$\overline{Q}$
L	×	×	×	×	L	H
×	H	H	×	×	L	H
×	×	×	L	×	L	H
×	×	×	×	L	L	H
H	L	×	↑	H	⎍	⎎
H	L	×	H	↑	⎍	⎎
H	×	L	↑	H	⎍	⎎
H	×	L	H	↑	⎍	⎎
H	H	↓	H	H	⎍	⎎
H	↓	↓	H	H	⎍	⎎
H	↓	H	H	H	⎍	⎎
↑	L	×	H	H	⎍	⎎
↑	×	L	H	H	⎍	⎎

2. 不可重复触发和可重复触发

集成单稳态触发器分不可重复触发型和可重复触发型两种。不可重复触发型单稳态触发器一旦被触发进入暂稳态后，再加触发脉冲不会影响电路的工作过程，必须在暂稳态结束以后，它才能接受下一个触发脉冲而再次转入暂稳态，如图 4-7(a)所示。而可重复触发的单稳态触发器就不同了。在电路被触发而进入暂稳态以后，如果再次加入触发脉冲，电路将重新被触发,使输出脉冲再继续维持一个 t_w 宽度,如图 4-7(b)所示。

74121,74221 属于不可重复触发型,74122,74123 则是可重复触发型。

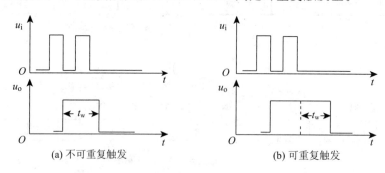

图 4-7 两种不同触发型单稳态触发器工作波形

4.3.5 单稳态触发器应用实例

由 74121 构成上升沿触发和下降沿触发的电路如图 4-8 所示。图 4-8(a)为下降沿触发电路,从 A1 端输入触发脉冲。在 C_{EXT} 和 R_{EXT}/C_{EXT} 间外接电容 C_{ext},并且为了调节脉冲宽度,在 R_{EXT}(11 脚)端与电源间外接 R_{ext}。通常 R_{ext} 取值在 2~30 kΩ 之间,C_{ext} 的取值在 10 pF~10 μF 之间,得到的 t_w 范围可达 20 ns~200 ms。

图 4-8(b)为上升沿触发电路,从 B 端输入触发脉冲。直接将 R_{INT}(9 脚)端接电源 V_{CC},利用 74121 内部电阻(约 2 kΩ)取代外接电阻 R_{ext},以简化外部接线。

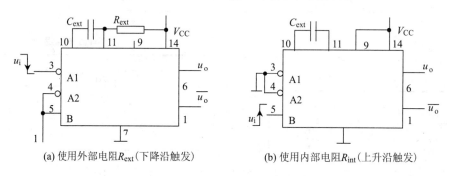

图 4-8 74121 的外部连接方法

4.4 施密特触发器

4.4.1 施密特触发器的工作特点

施密特触发器是一种脉冲波形变换电路。它在性能上有两个重要的特点:

① 输入信号从低电平上升的过程中,电路状态转换时对应的输入电平,与输入信号从高电平下降过程中对应的输入转换电平不同。

② 在电路状态转换时,通过电路自身的正反馈过程使输出电压波形的边沿变得很陡。

利用这两个特点可以实现波形变换,能将边沿变化缓慢的信号波形整形为边沿陡峭的矩形波，也可以实现将叠加在矩形脉冲高、低电平上的噪声有效地清除等功能。

4.4.2 用门电路组成的施密特触发器

将两级反相器串接起来构成如图 4-9(a)所示的施密特触发器电路。图 4-9(b)为施密特触发器的电路符号。

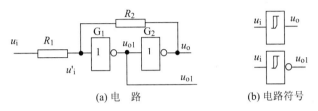

图 4-9 用 CMOS 反相器构成的施密特触发器

设阈值电压 $U_{TH} \approx \frac{1}{2}V_{DD}$，且 $R_1 < R_2$。电路的工作过程如下：

当 $u_i = 0$ 时，因 G_1，G_2 接成了正反馈电路，所以 $u_o = u_{o1} \approx 0$。这时 G_1 的输入 $u_i' \approx 0$。

当 u_i 从 0 逐渐升高并达到 $u_i' = V_{TH}$ 时，由于 G_1 进入了电压传输特性的转折区（放大区），所以 u_i' 的增加将引发如下的正反馈过程：

$$u_i \uparrow \rightarrow u_i' \uparrow \rightarrow u_{o1} \downarrow \rightarrow u_o \uparrow$$

于是电路的状态迅速地转换为 $u_o = U_{oH} \approx V_{DD}$。由此可以求出 u_i 上升过程中电路状态发生转换时对应的输入电平 U_{T+}。因为这时有

$$u_i' = U_{TH} \approx \frac{R_2}{R_1 + R_2} U_{T+}$$

所以
$$U_{T+} \approx \frac{R_1 + R_2}{R_2} U_{TH} = \left(1 + \frac{R_1}{R_2}\right) U_{TH}$$

U_{T+} 称为正向阈值电压。

当 u_i 从高电平 V_{DD} 逐渐下降 $u_i' = U_{TH}$ 时，$u_i' = U_{TH}$ 时，u_i' 的下降会引发一个正反馈过程：

$$u_i \downarrow \rightarrow u_i' \downarrow \rightarrow u_{o1} \uparrow \rightarrow u_o \downarrow$$

使电路的状态迅速转换为 $u_o = u_{o1} \approx 0$。由此又可以求出 u_i 下降过程中电路状态发生转换时对应的输入电平 U_{T-}。由于这时有

$$u_i' = U_{TH} \approx V_{DD} - (V_{DD} - U_{T-}) \frac{R_2}{R_1 + R_2}$$

所以
$$U_{T-} = \frac{R_1 + R_2}{R_2} U_{TH} - \frac{R_1}{R_2} V_{DD}$$

将 $V_{DD} = 2 U_{TH}$ 代入上式后得到

$$U_{T-} = \left(1 - \frac{R_1}{R_2}\right) U_{TH}$$

U_{T-} 称为负向阈值电压。

将 U_{T+} 与 U_{T-} 之差定义为回差电压 ΔU_T，即

$$\Delta U_T = U_{T+} - U_{T-}$$

根据以上分析,可画出电路的电压传输特性如图 4-10(a)所示。因为 u_o 和 u_i 的高低电平是同相的,所以也把这种形式的电压传输特性叫做同相输出的施密特触发特性。如果以图 4-9(a)中的 u_{o1} 作为输出端,则得到的电压传输特性将如图 4-10(b)所示。由于 u_{o1} 和 u_i 的高、低电平是反相的,所以把这种形式的电压传输特性叫做反相输出的施密特触发特性。

通过改变 R_1 和 R_2 的比值可以调节 U_{T+},U_{T-} 和回差电压的大小。但 R_1 必须小于 R_2,否则电路将进入自锁状态,不能正常工作。

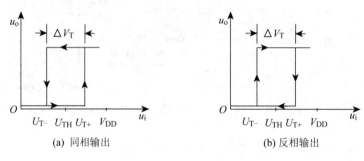

(a) 同相输出　　　　(b) 反相输出

图 4-10　施密特触发器的传输特性

4.4.3　集成施密特触发器

集成施密特触发器产品中,TTL 电路如 7413(双四输入与非门)、7414(六反相器);CMOS 电路如 4093(四 2 输入与非)、40106(六反相器)。7413,7414 和 4093 的引脚功能如图 4-11 所示,这些集成电路都是具有回差特性的门电路。

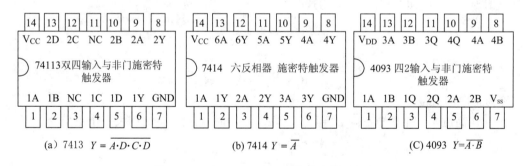

(a) 7413　$Y=\overline{A \cdot D \cdot C \cdot D}$　　　　(b) 7414　$Y=\overline{A}$　　　　(C) 4093　$Y=\overline{A \cdot B}$

图 4-11　7413,7414,4093 集成电路引脚图

1. 用于波形变换

利用施密特触发器状态转换过程中的正反馈作用,可以把边沿变化缓慢的周期性信号变换为边沿很陡的矩形脉冲信号。

如图 4-12 的例子中,输入信号是由直流分量和正弦分量叠加而成的,只要输入信号的幅度大于 U_{T+},U_{T-},即可在施密特触发器的输出端得到同频率的矩形脉冲信。

2. 用于脉冲整形

在数字系统中,矩形脉冲经传输后往往会发生波形畸变。如传输线上电容较大时,波形的上升沿和下降沿会明

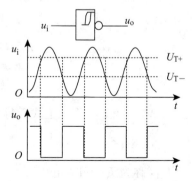

图 4-12　用施密特触发器
实现波形变换

显变坏;当传输线较长,而且接收端的阻抗与传输线的阻抗不匹配时,在波形的上升沿和下降沿将产生振荡现象;当其他脉冲信号通过导线间的分布电容或公共电源线叠加到矩形脉冲信号上时,信号上将出现附加的噪声等,都可以利用施密特触发器信号波形进行整形,从而获得比较理想的矩形脉冲波形。如图 4-13 所示,只要施密特触发器的 U_{T+} 和 U_{T-} 设置得合适,均能收到满意的整形效果。

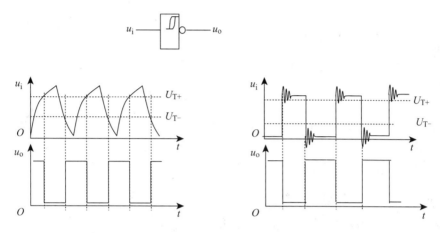

图 4-13 用施密特触发器实现脉冲整形

3. 用于脉冲幅度鉴别

当输入信号为一系列幅度不等的脉冲加到施密特触发器时,只有那些幅度大于 U_{T+} 的脉冲才会在输出端产生输出信号。因此,施密特触发器能将幅度大于 U_{T+} 的脉冲选出,具有脉冲鉴幅的能力,如图 4-14 所示。

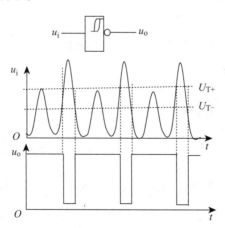

图 4-14 用施密特触发器鉴别脉冲幅度

4.4.4 用 555 定时器构成的施密特触发器

1. 电路组成

将 555 定时器的阈值输入端 TH 和触发输入端 $\overline{TR}$ 连在一起,作为触发信号 u_i 输入端,从 OUT 端输出 u_o,就构成了施密特触发器,电路如图 4-15 所示。

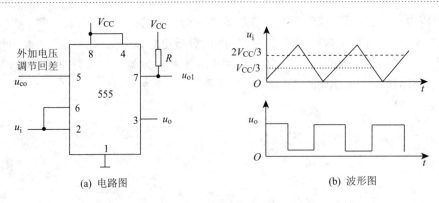

(a) 电路图　　　　　　　　(b) 波形图

图 4-15　用 555 构成的施密特触发器及其波形图

为了提高基准电压的稳定性,常在 U_{CO} 控制端对地接一个 $0.01\ \mu F$ 的滤波电容。

2. 工作原理

为了分析方便,假设输入图 4-16 所示锯齿波信号。

① 当 $u_i < \dfrac{1}{3}V_{CC}$ 时,电压比较器 A_1 和 A_2 的输出 $u_{c1}=1, u_{c2}=0$,基本 RS 触发器置 1,即输出为高电平。

当 $\dfrac{1}{3}V_{CC} < u_i < \dfrac{2}{3}V_{CC}$ 时,电压比较器 A_1 和 A_2 的输出 $u_{c1}=1, u_{c2}=1$,基本 RS 触发器保持原状态不变。

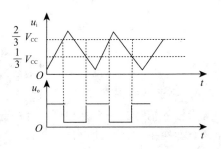

图 4-16　施密特触发器的工作波形

② 当 $u_i \geqslant \dfrac{2}{3}V_{CC}$ 时,电压比较器 A_1 和 A_2 的输出 $u_{c1}=0, u_{c2}=1$,基本 RS 触发器置 0,即 $Q=0, \overline{Q}=1$,输出由高电平跳变到低电平。此后 u_i 上升到 V_{CC},然后再降低,但在未降到 $\dfrac{1}{3}V_{CC}$ 以前,电路输出状态不变。

③ 当 $u_i \leqslant \dfrac{1}{3}V_{CC}$ 时,基本 RS 触发器置 1,即 $Q=1, \overline{Q}=0$,输出 u_o 由低电平跳变到高电平。此后 u_i 下降到 0,然后再升高,但在未达到 $\dfrac{2}{3}V_{CC}$ 以前,电路输出状态不变。

由以上分析可知,施密特触发器的正向阈值电压为 $\dfrac{2}{3}V_{CC}$,电路的负向阈值电压为 $\dfrac{1}{3}V_{CC}$,所以施密特触发器的回差电压 ΔU_T 为

$$\Delta U_T = U_{T+} - U_{T-} = \dfrac{1}{3}V_{CC}$$

4.5　多谐振荡器

4.5.1　多谐振荡器概述

多谐振荡器概述与正弦振荡器一样是一种自激振荡电路,接通直流电源后,电路不需任何

外加输入信号,即可自动产生矩形脉冲信号输出。由于矩形脉冲信号中含有丰富的高次谐波成分,所以称之为多谐振荡器。

4.5.2 门电路构成多谐振荡器

图 4-17 所示是门电路构成的典型对称式多谐振荡器。它由两个反相器(TTL 或 CMOS)和外接电阻、电容组成。

1. 工作原理

根据 TTL(或 CMOS)反相器的传输特性,当在反相器的输入和输出端之间并接反馈电阻 R_1 和 R_2 后,u_{o1} 和 u_{o2} 既不能稳定在高电平 U_{oH},也不能稳定在低电平 U_{oL} 上,只能稳定在两者之间的某一个电平上,由于流过电阻的电流很小,所以有:$u_{i1} \approx u_{o1}$,$u_{i2} \approx u_{o2}$,这时两个门工作在门电路电压传输特性的转折区。工作在

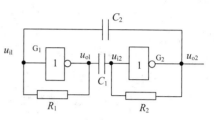

图 4-17 对称式多谐振荡器

这一区域是不稳定的,只要有一个扰动(外部干扰、内部噪声或电源电压波动等),使 u_{i1} 产生微小的正跳变,就会经 G_1 的放大作用,将使 u_{o1} 产生负跳变。由于电容两端电压不能突变,u_{o1} 的负跳变就会通过 C_1 传递给 G_2,使 u_{i2} 也产生负跳变,经 G_2 放大,在 u_{o2} 得到更大正跳变。这个跳变经 C_2 反馈到 G_1 的输入端,构成了一个正反馈过程:

$$u_{i1} \uparrow \rightarrow u_{o1} \downarrow \rightarrow u_{i2} \downarrow \rightarrow u_{o2} \uparrow$$

使得 u_{o1} 迅速跳变为低电平,u_{o2} 跳变为高电平,电路进入第一个暂稳态。与此同时,u_{o2} 经 R_2 给 C_1 充电,C_2 则经 R_1 放电。

这个暂稳态也不会维持多久。随着 C_1 的充电,u_{i2} 逐渐上升,当 u_{i2} 升高到 G_2 的阈值电压 U_{TH} 时,u_{o2} 开始下降,并引起另一个正反馈过程:

$$u_{i2} \uparrow \rightarrow u_{o2} \downarrow \rightarrow u_{i1} \downarrow \rightarrow u_{o1} \uparrow$$

使得 u_{o2} 迅速跳变为低电平,u_{o1} 跳变为高电平,电路转入第二个暂稳态。同时,C_1 经 R_2 放电,C_2 经 R_1 充电。

第二个暂稳态同样不会维持多久。随着 C_2 的充电,u_{i1} 逐渐上升,当 u_{i1} 升高到 G_1 的阈值电压 U_{TH} 时,电路又会迅速返回到第一个暂稳态。由此电路不停地在两个暂稳态之间振荡,输出矩形脉冲电压波形,如图 4-18 所示。

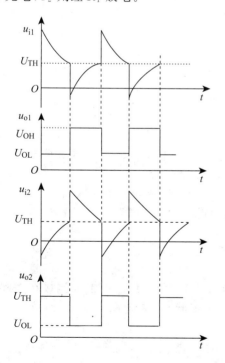

图 4-18 振荡电路中各点电压波形

2. 振荡的幅度与周期

(1) 振荡的幅度 U_m

从上面的分析可知,输出电压的幅度 U_m 为

$$U_m = U_{OH} - U_{OL}$$

式中,U_{OH} 和 U_{OL} 分别为门电路输出的高电平和低

电平值。对于 CMOS 门电路，$U_{OH} \approx V_{DD}$，$U_{OL} \approx 0$。

(2) 振荡周期 T

设 T_1、T_2 分别为第一和第二暂稳态的持续时间，由于电路对称，即 $R_1 = R_2 = R$，$C_1 = C_2 = C$，则有 $T_1 = T_2$，$T = 2T_1 = 2T_2$。对于 TTL 电路 $U_{OH} = 3.4$ V，$U_{TH} = 1.4$ V，$U_{OL} = 0$ V，且 R 的数值比门电路的输入电阻小很多时，输出脉冲的周期可由下式估算，即

$$T \approx 1.4 RC$$

从上式可以看出，通过改变 R 和 C 的取值，可以改变振荡周期。如果使用 74LS 系列门电路，R 的阻值应取在 $0.5 \sim 2$ kΩ 之间。当 C 取 1 000 pF~100 μF 时，可输出从几 Hz 到数 MHz 脉冲信号的频率。若采用 CMOS 门电路时，则 R 值可在数十 kΩ 范围内选取，振荡周期由 RC 的乘积确定。

由于半导体元件参数的离散性，以及影响振荡频率的多方面因素，振荡周期的理论计算结果与实际测量结果往往有一定误差；对于每一个元件，也不可能逐个测量它们的详细参数，因此在实际使用中往往只能粗略地估算一下振荡频率（或周期），然后用一个可调电阻来调整电路参数，使振荡频率达到要求的值。

若 RC 取值不对称，则输出脉冲信号的高低电平的宽度不等，电路如图 4-19 所示。

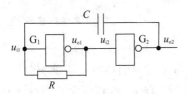

图 4-19 非对称式多谐振荡器

4.5.3 石英晶体——门电路多谐振荡器

上面所介绍用 R、C 构成的多谐振荡器，振荡频率取决于电容充、放电过程中门电路输入电压到达转换电平所需要的时间。由于半导体元件参数、阻容元件参数受温度的影响，同时门电路的转换电平也会受温度和电源波动等因素的影响，所以振荡频率稳定性较差。在对频率要求较高的场合，必须采取稳频措施，常在反馈回路中串入石英晶体，构成石英晶体多谐振荡器，电路如图 4-20 所示。

图 4-20 所示电路结构与图 4-17 相似，石英晶体跨接在 G_2 的输出端与 G_1 的输入端之间，对于频率为 f_s 的信号分量来说，晶体呈串联谐振状态，其等效阻抗很小且为纯阻性，因而形成正反馈，电路振荡频率完全取决于石英晶体固有的串联谐振频率 f_s。

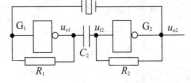

图 4-20 石英晶体多谐振荡器

在非对称式多谐振荡器电路中，也可接入石英晶体构成石英晶体振荡器，来稳定振荡频率。电路的振荡频率也等于石英晶体的串联谐振频率，与外接电阻和电容参数无关。因此，在石英晶体振荡电路的设计中选用需要频率的石英晶体来组成振荡电路即可。

4.5.4 用 555 定时器构成的多谐振荡器

用 555 组成多谐振荡器，就是将 555 电路构成施密特触发器（TH 端和 $\overline{TR}$ 端接在一起），再外接具有时间常数的反馈回路组成多谐振荡器。基本多谐振荡器电路如图 4-21 所示。振荡器的振荡周期 T 和频率 f 由下式进行估算，即

$$T \approx 0.7(R_1 + 2R_2)C$$

$$f = \frac{1}{T} = \frac{1}{0.7(R_1 + 2R_2)C}$$

电路的振荡脉冲的占空比 q 为

$$q=\frac{R_1+R_2}{R_1+2R_2}$$

通过改变 R 和 C 的大小,就可实现振荡器的振荡频率和占空比的调节。

上式中占空比的调节始终是大于 50%。为了得到小于或等于 50% 的占空比,将电路改进成如图 4-22 所示电路。电路的充电时间常数 $\tau_充\approx(R_1+R_2)C$,而放电时间常数为 $\tau_放\approx R_2C$,两式中 R_1 和 R_2 分别包含 R_W 的上下部分。

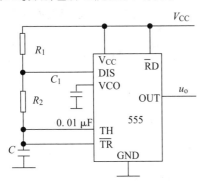

图 4-21 用 555 组成多谐振荡器

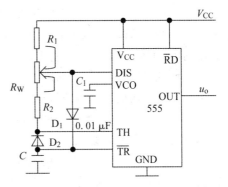

图 4-22 占空比可调的多谐振荡器

电路的振荡周期 T 为

$$T\approx 0.7(R_1+R_2)C$$

占空比为

$$q=\frac{R_1}{R_1+R_2}$$

本章小结

1. 由门电路构成的单稳态触发器、多谐振荡器和基本 RS 触发器在结构上极为相似,只是用于反馈的耦合网络不同,因而 RS 触发器具有两个稳态,单稳态触发器具有一个稳态,多谐振荡器没有稳态。

2. 在单稳态和无稳态电路中,由暂稳态过渡到另一个状态,其"触发"信号是由电路内部电容充(放)电提供的,因此无须外加触发脉冲。暂稳态持续的时间是脉冲电路的主要参数,它与电路的阻容元件有关。

3. 多谐振荡器是一种自激振荡电路,不需要外加输入信号,就可以自动地产生出矩形脉冲。单稳态触发器和施密特触发器不能自动地产生矩形脉冲,但却可以把其他形状的信号变换成为矩形波。

4. 555 集成定时器是一种应用广泛、使用灵活的集成电路器件,多用于脉冲产生、整形及定时等。常用 555 集成电路来构成施密特触发器、单稳态电路和多谐振荡器。

习　　题

1. 如题图 4-1(a)所示施密特触发器,输入题图 4-1(b)所示信号电压,对应输入电压波形画输出电压波形。

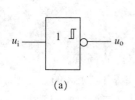
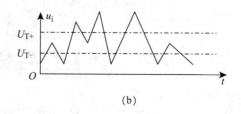

题图 4-1

2. 什么是单稳态电路？单稳态电路的特点是什么？什么是可重复触发单稳态触发器？什么是不可重复触发单稳态触发器？

3. 试利用 74121 构成一个暂稳态输出脉冲 $t_w = 1$ ms、上升沿触发的单稳态触发器。

4. 施密特触发器能否用来保存数据？

5. 用石英晶体构成振荡器的特点是什么？

6. 题图 4-2 所示电路为一简易触摸开关电路。当手摸金属片时，发光二极管亮，经过一定时间后，发光二极管自动熄灭。

① 试分析其工作原理，电路中用 555 电路组成了一个什么电路？

② 在所给电路元件参数情况下，求当触摸后能使发光二极管亮多长时间？

7. 题图 4-3 所示电路是由 CC7555 连接成的多谐振荡器，试画出 U_C 和 U_O 的波形。当不计 CC7555 的输出电阻时，写出振荡周期表达式。

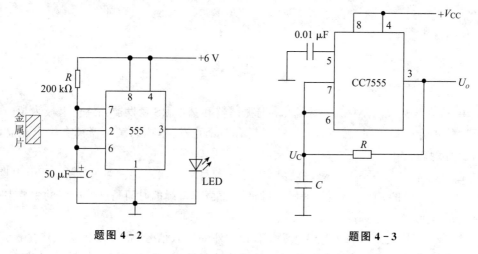

题图 4-2   题图 4-3

8. 试用 555 电路设计一个振荡周期为 1 s、占空比为 50% 的 RC 振荡器。

第5章 数/模与模/数转换电路

5.1 概 述

在电子系统中,经常用到数字量与模拟量的相互转换。如图5-1所示,工业生产过程中的湿度、压力、温度、流量,通信过程中的语言、图像、文字等物理量需要转换为数字量,才能由计算机处理。而计算机处理后的数字量也必须再还原成相应的模拟量,才能实现对模拟系统的控制(如数字音像信号如果不还原成模拟音像信号就不能被人们的视觉和听觉系统接受)。因此,数/模转换器和模/数转换器是沟通模拟电路和数字电路的桥梁,也可称之为两者之间的接口,是数字电子技术的重要组成部分。

能将数字量转换为模拟量(电流或电压),使输出的模拟量与输入的数字量成正比的电路称为数模转换器,简称D/A或DAC(digital to analog converter)。能将模拟电量转换为数字量,使输出的数字量与输入的模拟电量成正比的电路称为模数转换器,简称A/D或ADC(analog to digital converter)。D/A、A/D转换技术的发展非常迅速,目前已有各种中、大规模的集成电路可供选用。

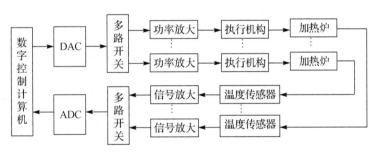

图5-1 计算机自动控制系统框图

本章简要介绍D/A转换器(DAC)、A/D转换器(ADC)的基本工作原理和典型应用。

5.2 D/A转换器

5.2.1 D/A转换器电路组成及基本原理

1. D/A转换器的转换特性

D/A转换器的结构示意图如图5-2所示。

由图5-2可以看出,D/A转换电路将输入的一组二进制数转换成相应数量的模拟电压,经过运算放大器A的缓冲,转换成模拟电压输出u_o。

D/A转换器的转换特性,是指其输出模拟量与输入数字量之间的转换关系。图5-3给

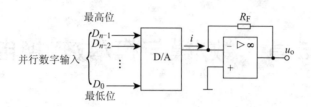

图 5-2 D/A 转换器结构示意图

出了 DAC 三位二进制数 X 输入及输出 u_o 的转换特性曲线。理想的 DAC 转换特性应是输出模拟量与输入数字量成正比,即输出模拟电压 $u_o = K_u \times X$ 或输出模拟电流 $i_o = K_i \times X$。其中,K_u 或 K_i 为电压或电流转换比例系数;X 为输入二进制数所代表的十进制数,若输入为 n 位二进制数,则

$$X = X_{n-1} \times 2^{n-1} + X_{n-2} \times 2^{n-2} + \cdots + X_1 \times 2^1 + X_0 \times 2^0 = \sum_{i=0}^{n-1} X_i \times 2^i$$

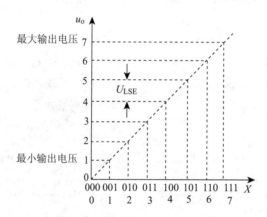

图 5-3 输入 X-输出 u_o 的特性曲线图

图 5-3 中的 U_{LSE} 代表输入二进制数 X 每增、减 1 时,输出模拟电压的最小变化量。

2. 分辨率

DAC 电路所能分辨的最小输出电压增量与最大输出电压之比称为分辨率,它是 DAC 的重要参数之一。分辨率为

$$U_{LSE}/U_{max} = 1/(2^n - 1)$$

式中,U_{LSE} 为最小输出电压增量,即 X 最低位(X_0)变化时,所引起的输出模拟电压变化值;U_{max} 为最大输出模拟电压;n 为输入数字量的位数。

由上式可知,分辨率的大小仅决定于输入二进制数字量的位数,因此通常由 DAC 的位数 n 来表示分辨率。当输出模拟电压的最大值一定时,DAC 输入二进制数字量的位数 n 越多,U_{LSE} 越小,即分辨率能力越高。

3. 输出建立时间

从输入数字信号到输出模拟信号(电压或电流)到达稳态值所需要的时间,称为输出建立时间。由于 DAC 与 ADC 的工作原理不同,DAC 的输出建立时间要比 ADC 的输出建立时间小得多,并且不受采样脉冲频率的制约。所以同样位数的 DAC 要比同样位数的 ADC 的转换速度快得多。

5.2.2 D/A 转换器

D/A 转换器(DAC)根据工作原理基本上可以分成两大类,即二进制权电阻网络 DAC 和倒 T 形电阻网络 DAC。

1. 二进制权电阻网络 DAC

图 5-4 为一个四位权电阻网络 D/A 转换器的电路。

由图 5-4 可以看出,此类 DAC 由权电阻网络、模拟开关及求和运算放大器三部分组成。U_{LSE} 是基准电源,在权电阻网络中每个电阻的阻值与输入数字量对应的位权成比例关系。输入数字量 D_3, D_2, D_1 和 D_0 控制模拟开关 S_3, S_2, S_1, S_0 的工作状态。当 D_i 为高电平时,S_i 接通

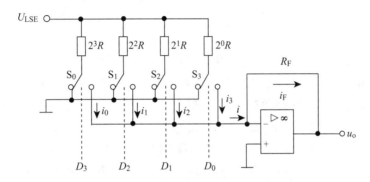

图 5-4 权电阻网络型 D/A 转换器原理图

U_{REF};反之 D_i 为低电平,S_i 接地。这样流过每个电阻的电流总和 i 与输入的数字量成正比。求和运算放大器总的输入电流为

$$i=i_o+i_1+i_2+i_3=\frac{U_{REF}}{2^3\times R}\times D_0+\frac{U_{REF}}{2^2\times R}\times D_1+\frac{U_{REF}}{2^1\times R}\times D_2+\frac{U_{REF}}{2^0\times R}\times D_3=\frac{U_{REF}}{2^3\times R}\times(2^0\times D_0+2^1\times D_1+2^2\times D_2+2^3\times D_3)=\frac{U_{REF}}{2^3\times R}\sum_{i=0}^{3}2^i\times D_i$$

若运算放大器 A 的反馈电阻 $R_F=R/2$,由于运算放大输入阻抗为 ∞,所以 i_F,则求和运算放大器的输出电压为

$$u_o=-i_F\times R_F=-i\times\frac{R}{2}=\frac{R}{2}\times\frac{U_{REF}}{2^3\times R}\times\sum_{i=0}^{3}2^i\times D_i=-\frac{U_{REF}}{2^4}\times\sum_{i=0}^{3}2^i\times D_i$$

对于 n 位的权电阻 D/A 转换器,则有

$$u_o=-\frac{U_{REF}}{2^n}\times\sum_{i=0}^{n-1}2^i\times D_i$$

由此可见,输出模拟电压 u_o 正比于输入的数字信号 $X(D_{n-1}\ D_{n-2}\cdots D_1D_0)$。当输入数字信号 X 为全 0 时,DAC 输出 u_o 为 0;当输入数字信号 X 为 1 时,DAC 输出 $u_o=-U_{REF}(2^n-1/2^n)$。因此输出电压的最大变化范围为 $0\sim-U_{REF}$。权电阻网络 D/A 转换器的优点是:电路结构简单,可适用于各种权码。缺点是:电阻阻值范围太宽,品种较多,例如输入信号为十位十进制数时,若 $R=10\ \text{k}\Omega$,则权电阻网络 DAC 中最小电阻 $R/2=5\ \text{k}\Omega$,最大电阻 $2^9R=5.12\ \text{M}\Omega$。要在这样广的阻值范围内,保证每个电阻都有很高的精度,是极其困难的,因此在集成 D/A 转换器中很少采用。

2. 倒 T 形电阻网络 DAC

图 5-5 是倒 T 形电阻网络 D/A 转换器的原理图。

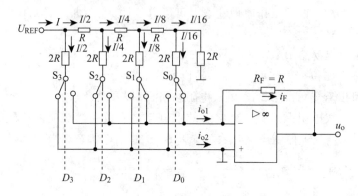

图 5-5 倒 T 形电阻网络 D/A 转换器原理图

由图 5-5 可以看出,此 DAC 由 $R,2R$ 两种阻值的电阻构成的倒 T 形电阻网络、模拟开关、运算放大电器组成。由于理想运算放大器的输入阻抗为 ∞,任何一个模拟开关 S_i 接至运算放大器 A 的"−"输入端或"+"输入端时,流经该支路的电流是一样的,为一恒定值。由以上分析可知,从基准器电压 U_{REF} 输出的总电流是固定的,即 $I = U_{REF}/R$。

电流 I 每经一个节点,等分为两路输出,流过每一支路 $2R$ 的电流依次为 $I/2, I/4, I/8$ 和 $I/16$。当输入数码 D_i 为高电平时,则该支路 $2R$ 中的电流流入运算放大器的反相输入端;当 D_i 为低电平时,则该支路 $2R$ 中的电流到地。因此输出电流 i_{o1} 和各支路电流的关系为

$$i_{o1} = \frac{I}{2} \times D_3 + \frac{I}{4} \times D_2 + \frac{I}{8} \times D_1 + \frac{I}{16} \times D_0 = \frac{U_{REF}}{R} \times \frac{2^0 \times D_0 + 2^1 \times D_1 + 2^2 \times D_2 + 2^3 \times D_3}{2^4} = \frac{U_{REF}}{2^4} \times \sum_{i=0}^{3} 2^i \times D_i$$

由于 $i_F = i_{o1}$,所以

$$u_o = -i_{o1} \times R_F = -\frac{U_{REF} R_F}{2^4} \times \sum_{i=0}^{3} 2^i \times D_i$$

当输入为位数字信号时

$$u_o = \frac{U_{REF}}{2^n} \times \sum_{i=0}^{n-1} 2^i \times D_i$$

倒 T 形电阻网络 D/A 转换器的特点是:模拟开关 S_i 不管处于何处,流过各支路 $2R$ 电阻中的电流总是近似恒定值;另外该 D/A 转换器只采用了 $R,2R$ 两种阻值的电阻,故在集成芯片中,应用最为广泛,是目前 D/A 转换器中转换速度最快的一种。

5.2.3 集成 D/A 转换器的应用实例

图 5-6 给出的是 DAC0808 的应用电路图。

图 5-6 是一个 DAC0800 D/A 转换器 8 位数字输入、256 级模拟输出的测试电路,电路主要由时钟振荡器、2 个 4 位计数器 7493、DAC0808 和运算放大器 7411、示波器组成。

在这个电路中,时钟振荡器产生一个 10 kHz 的时钟脉冲信号(计数脉冲),示波器用于观察 DAC0808 的模拟电压输出,计数器从 0000 0000 计数到 1111 1111,从而将模拟电压由

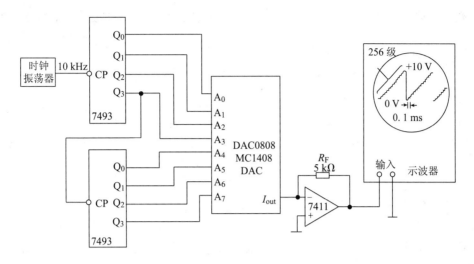

图 5-6 DAC0808 的应用

0~10 V 间分成 256 级,其中每一级的时间宽度为时钟频率的倒数(1/10 kHz 为 0.1 ms),每一级的模拟电压最小变化量(即分辨率)为 10 V/256。

5.3 A/D 转换器

5.3.1 A/D 转换器的电路组成及基本原理

A/D 转换器(ADC)是一种将输入的模拟量转换为数字量的转换器。图 5-7 所示的是 A/D 转换器的工作原理图。

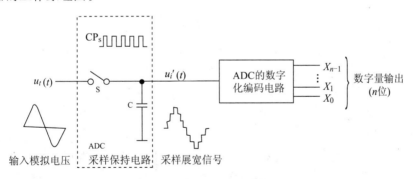

图 5-7 A/D 转换器的工作原理

图 5-7 可以看出,A/D 转换器主要由采样保持电路和数字化编码电路组成。开关 S 在采样脉冲控制下重复接通、断开的过程。开关 S 接通时,输入模拟电压 $u_i(t)$ 对电容 C 充电,这是采样过程;开关 S 断开时,电容 C 上的电压保持不变,这是保持过程;在保持过程中,采样的模拟电压经过 A/D 的数字化编码电路转换成一组 n 位的二进制数输出。随着开关 S 不断地接通、断开,就将输入的模拟电压转换成一组 n 位的二进制数输出。A/D 转换器转换的精度取决于开关 S 重复接通、断开的次数(即采样脉冲的频率)和编码电路输出的二进制数的位数。采样脉冲频率越高,采样输出的阶梯状模拟电压 $u_i'(t)$ 的轮廓线越接近输入模拟电压 $u_i(t)$ 的

波形。数字化编码的二进制数位数越多,采样输出的相邻的阶梯状模拟电压的数字化编码的误差越小。

A/D 转换器的主要技术指标如下。

(1) 分辨率

分辨率又称转换精度,是以输出的二进制代码的位数表示分辨率的大小。位数越多,说明数字量化误差越小,转换精度越高。如一个 ADC 的输入模拟电压的变化范围为 0~5 V,输出 8 位二进制数可以分辨的最小模拟电压为 $5\text{ V}\times 2^{-8}\approx 20\text{ mV}$;而输出 12 位二进制数可以分辨的最小模拟电压为 $5\text{ V}\times 2^{-12}\approx 1.22\text{ mV}$。由此可以看出,数字化编码电路的位数越多,输出的二进制代码最低位变化时所代表的模拟量的变化量就越小,精度越高,前者为 20 mV,后者为 1.22 mV,所代表的模拟量变化越少,则精度越高。

(2) 转换频率

转换频率又称转换速率,表示对一个输入模拟量,从采样开始到最后输出转换后的二进制数所需的时间,也即开关 S 的频率。转换频率越高,表示完成一次 A/D 转换时间越少。在实现 A/D 转换过程中,分辨率高的 ADC 其转换频率比分辨低的 ADC 要低,这是由 ADC 内部电路所决定的。

5.3.2 A/D 转换器的类型

A/D 转换器按其输出的数字量的性质可以分为以下几种:

① 并行输出 A/D 转换器:即将模拟量转换成并行输出的二进制数字量,输出二进制数字量的大小反映了相应模拟量的大小。输出二进制数字量的位数愈多其转换的精度愈高。

② 电压频率变换器(VFC):即将模拟量转换成一系列的输出脉冲,并以单位时间内输出脉冲的个数(即频率)来反映输入模拟量的大小。单位时间内输出的脉冲频率越高,表示输入模拟量越大,反之就越小。

A/D 转换器按其将模拟量数字化编码的方法可以分为两种。

① 逐次比较型 ADC:即将采样得到的模拟量与其内部的标准模拟电压逐次比较,按最接近的标准模拟电压的二进制编码作为输入模拟量的二进制编码输出。

② 积分型 ADC:常见的是双积分型,即将采样得到的模拟量与其内部的标准电压进行两次积分。

1. 逐次比较型

逐次比较型 ADC 是 A/D 转换器中使用最广的一种,它应用逐次逼近的方法,将模拟量数字化编码输出。下面以 ADC0800 为例加以说明。

(1) 电路框图

ADC0800 电路框图如图 5-8 所示。

ADC0800 是一个 8 位二进制输出的单片 A/D 转换器,其内部由以下几部分组成:1 个高输入阻抗的比较器、1 个 256 个串联电阻构成的分压器、256 个模拟开关、1 个选择控制逻辑电路和 1 个三态输出锁存器。

ADC0800 采用以未知量值的模拟输入电压 u_{in}(由引脚 12 输入)与电阻分压各节点输出值通过模拟开关逐次逼近比较的技术来进行转换。当某一适当的节点电压等于未知输入电压 u_{in} 时,此节点电压相应的数字量就在选择控制逻辑的作用下被送到锁存寄存器,同时在数据

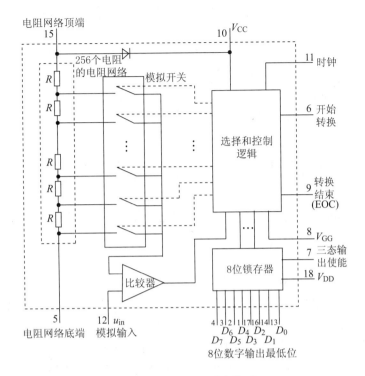

图 5-8 ADC0800 内部框图

输出端输出一个相当于未知输入模拟量的 8 位二进制补码。二进制数据输出是三态的,可直接接上公共数据总线。

(2)工作原理

芯片引脚 15(高端)和引脚 5(低端)为基准电压 U_{REF} 输入端,其内部的 256 个串联电阻网络将 U_{REF} 等分成 256 级模拟电压:$0, U_{REF}/256, 2 \times U_{REF}/256, \cdots, 254 \times U_{REF}/256, 255 \times U_{REF}/256$。每一个 U_{REF} 电阻分压的接点与相应的模拟开关相连。

引脚 12 为模拟输入信号(u_{in})输入端。在选择控制单元控制下,接通相应开关,先让 $U_{REF}/2$ 与 u_{in} 在高输入阻抗比较器比较。若 $u_{in} > U_{REF}/2$ 时,内部逻辑就改变开关点,让 $3U_{REF}/4$ 与 u_{in} 比较;若 $u_{in} < U_{REF}/2$ 时,内部逻辑就改变开关点,让 $U_{REF}/4$ 与 u_{in} 比较,一直进行到 u_{in} 的最佳匹配点 $NU_{REF}/256$(N 为 $0 \sim 255$ 的正整数)。比较完毕,转换后的二进制编码就被保持在锁存器中,直到另一个新的转换完成和新的数据又被装入锁存器为止。

2. 双积分型

双积分型又称双斜率 A/D 转换器。它的基本原理是对输入模拟电压和基准电压进行两次积分:先将输入模拟电压 u_{in} 转换成与之大小相对应的时间间隔 T_C,再在此时间间隔内用固定频率的计数器计数,计数器所计的数字量就正比于输入模拟电压;同样,对基准电压也进行相同的处理。

由于要两次积分,因此双积分型 A/D 转换器的转换速度较低,但转换数字量位数 n 增加时,电路复杂程度增加不大,易于提高分辨率,其通常用在对速度要求不高的场合,如数字万用表等。

(1)电路框图

双积分型 A/D 转换器的原理框图如图 5-9 所示。

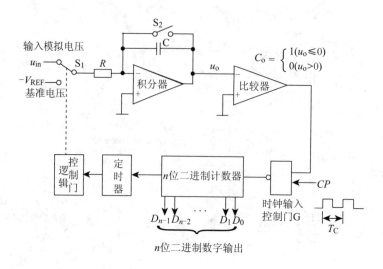

图 5-9　双积分型 A/D 转换器原理框图

图 5-9 所示的双积分型 A/D 转换器由基准电压源、积分器、比较器、时钟输入控制门、n 位二进制计数器、定时器和逻辑控制门等组成。开关 S_1 起控制把模拟电压或是基准电压送到积分器输入端的作用。开关 S_2 起控制积分器是否处于积分工作状态的作用。比较器起积分器输出模拟电压的极性判断作用：$u_o \leq 0$ 时，比较器输出 $C_o=1$（高电平）；$u_o>0$ 时，比较器输出 $C_o=0$（低电平）。时钟输入控制门是由比较器的输出 C_o 进行控制：当 $C_o=1$ 时，允许时钟脉冲输入至计数器；当 $C_o=0$ 时，时钟脉冲禁止输入。计数器对输入时钟脉冲个数进行计数。定时器在计数器计数计满时（即溢出）就置 1。逻辑控制门控制开关 S_1 的动作，以选择输入模拟信号或基准电压。

（2）工作原理

在双积分变换前，控制电路使计数器清零，S_2 闭合使电容 C 放电，放电结束后，S_2 再断开。

开关 S_1 在控制逻辑门作用下，接通模拟电压输入端，积分器开始对输入模拟电压 u_{in} 进行定时积分，计数器同时计数。

定时时间到，电子开关 S_1 接通基准电压 U_{REF}（极性与输入电压 u_{in} 相反），转为反向定压积分（即第二次积分），计数器重新由 0 开始计数。得到的计数值 N_2 在控制逻辑作用下并行输出。在下次转换前，控制逻辑使计数器清零，并使电容 C 放电，重复上述过程。

积分器的输入、输出与计数脉冲的关系如图 5-10 所示。由图 5-10 可以看出，u_{in} 越大，第一次积分后的绝对值越大。第二次积分因 U_{REF} 值恒定，因 $u_{in}(t)$ 的上升斜率不变。$|U_o(T_1)|$ 越大，T_2 就越长，N_2 也就越大。

由上述分析可看出，输入电压 u_{in} 为正，则基准电压 U_{REF} 为负。若输入电压 u_{in} 为负，则基准电压必须为正，以保证在两个积分阶段内，$u_o(t)$ 有相反斜率并且输入模拟电压平均值 u_{in} 的绝对值必须小于基准电压的绝对值，否则第二次积分时，计数器会溢出，破坏了 A/D 转换功能。

并行输出 A/D 转换器集成电路有两种数字化编码方式：逐次比较型和双积分型。逐次比较型 A/D 转换器是将输入电压与已经编了码的一组已知电压比较，属于多次比较。双积分型是将输入电压和基准电压转换成时间间隔（计数脉冲）进行比较。逐次比较型比双积分型快，

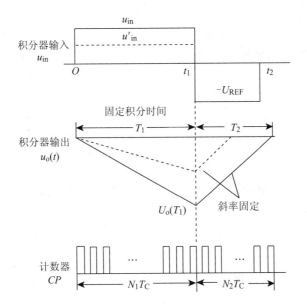

图 5-10 积分器输入、输出与计数脉冲间的关系

双积分型抗工频干扰能力强,对器件的稳定性要求不高,输出二进制数的位数易做得高,因此分辨率及精度较高。

5.3.3 集成 A/D 转换器的应用实例

下面以 ADC0801 集成电路 A/D 转换器来介绍 ADC 的应用。图 5-11 所示的为 ADC0801 应用接线图。

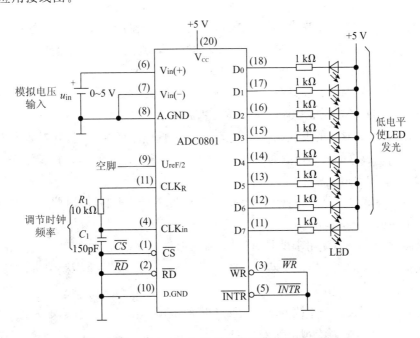

图 5-11 ADC0801 A/D 转换器的应用接线逻辑图

1. ADC0801 引脚说明

$\overline{CS}$——输入片选信号(低电平有效)。$\overline{CS}=0$ 时,选中此片 ADC0801 可以进行转换。

$\overline{RD}$——输出允许信号(低电平有效)。ADC0801 转换完成后,$\overline{RD}=0$,允许外电路取走转换结果。

$\overline{WR}$——输入启动转换信号(低电平有效)。$\overline{WR}=0$ 时,启动 ADC0801 进行转换。

CLK_{in}——外部时钟脉冲输入或对于内部时钟脉冲的电容器连接点。

$\overline{INTR}$——转换结束输入信号(低电平有效)。外电路取走转换结果后,发回转换结束信号,ADC0801 在输入控制信号 $\overline{CS}$ 和 $\overline{WR}$ 的控制下,再次进行工作。

$V_{in}(+)$,$V_{in}(-)$——差动模拟输入信号(对于单端输入的模拟信号,其中一端接地)。

A. GND——模拟信号地。

$U_{REF}/2$——外接参考电压输入(可选)。

D. GND——数字信号地。

V_{CC}——5 V 电源提供和假设参考电压。

CLK_R——内部时钟的电阻连接点。

$D_0 \sim D_7$——转换结果的数字输出。

2. 应用说明

ADC0801 是一个 8 位二进制输出的 A/D 转换器。这是一个连续 A/D 转换的应用实例。一次性 A/D 转换的过程如下:先由外电路给 $\overline{CS}$ 片选端输入一个低电平,表示选中此 A/D 转换器进入工作状态,此时 $\overline{RD}$ 输出为高电平,表示转换没有完成,ADC 输出为三态。$\overline{WR}$ 和 $\overline{INTR}$ 端为高电平时 ADC 不工作。当外界给 $\overline{WR}$ 端一个低电平,表示启动 A/D 转换,此时 ADC0801 正式开始 A/D 转换。转换完成后,$\overline{RD}$ 输出为低电平,允许外电路取走 $D_0 \sim D_7$ 数据,此时外电路使 $\overline{CS}$ 和 $\overline{WR}$ 为高电平,A/D 转换停止。外电路取走 $D_0 \sim D_7$ 数据后,使 $\overline{INTR}$ 为低电平,表示数据已取走。若再要进行一次 A/D 转换,则重复上述控制转换过程。

图 5-11 所示的电路是 ADC0801 连续转换工作状态:使 $\overline{CS}$ 和 $\overline{WR}$ 端接地,允许 ADC 开始转换;因为不需要外电路取转换结果,也是 $\overline{RD}$ 和 $\overline{INTR}$ 端接地,此时在时钟脉冲控制下,对输入电压 u_{in} 进行 A/D 转换。ADC0801 的 8 位二进制输出端接至 8 个发光二极管的阴极。输出为高电平的输出端,其对应的发光二极管不亮;输出为低电平的输出端,其对应的发光二极管就亮。通过发光二极管的亮、灭,就可知道 A/D 转换的结果。改变输入模拟电压 u_{in} 的值,可得到不同的 ADC 输出值。

输入模拟电压的变化范围为 0～5 V,ADC 输出为 8 位二进制数,因此二进制数每位变化相当于输入电压的变化为 $\Delta u_i = 5\,V/2^8 = 5\,V/256 = 19.5\,mV$(即分辨率)。

外接电阻 R_1 和电容 C_1 用来设置 ADC 内部的时钟频率。

输入模拟电压为正的时候,连接到 $V_{in}(+)$ 端,$V_{in}(-)$ 端接地;输入模拟电压为负的时候,连接到 $V_{in}(-)$ 端,$V_{in}(+)$ 端接地。

$U_{REF}/2$ 端通常不接。若想改变输入模拟电压的范围,可在 $U_{REF}/2$ 端接入一个固定电压。如 $U_{REF}/2=1.5\,V$ 时,输入模拟电压的范围为 0～3 V。如 $U_{REF}/2=2\,V$ 时,输入模拟电压的范围为 0～4 V。

本章小结

1. A/D 转换器和 D/A 转换器是现代数字系统的重要部件，应用日益广泛。

2. 数字系统所能达到的精度和速度最终取决于 A/D 和 D/A 转换器的转换精度和转换速度。因此，转换精度和转换速度是 A/D 和 D/A 转换器的两个最重要的指标。

3. A/D 转换器的功能是将输入的模拟信号转换成一组多位的二进制数字输出。不同的 A/D 转换方式具有各自的特点。并联比较型 A/D 转换器速度较高；双积分型 A/D 转换器精度高；逐次逼近型 A/D 转换器在一定程度上兼顾了以上两种转换器的优点，因此得到普遍应用。

4. A/D 转换器和 D/A 转换器的主要技术参数是转换精度和转换速度，在与系统连接后，转换器的这两项指标决定了系统的精度与速度。目前，A/D 转换器与 D/A 转换器的发展趋势是高速度、高分辨率及易于与微型计算机接口，用以满足各个应用领域对信号处理的要求。

习 题

1. 在信号处理过程中，为什么要进行 A/D 转换和 D/A 转换？举出几个实例来说明。
2. 简述倒 T 形电阻网络 D/A 转换器的工作原理。
3. 简述 A/D 转换器的组成和工作原理。
4. 分辨率如何定义？试说明分辨率与误差之间的关系。
5. D/A 转换中影响精度的因素是什么？如何提高转换精度？

第6章 Multisim 10 的仿真应用

Multisim 软件是一种界面友好、操作简便、易学易懂,容纳实验科目众多的一种新型虚拟实验软件。该软件可以完成电路分析、模拟电子技术、数字电子技术、高频电子技术和单片机等众多课程的仿真实验。该软件的操作空间是二维空间,在计算机上运行。比起 LabVIEW 等虚拟实验设备,Multisim 软件既不需要附加硬件支持,又不需要专业编辑。因此,Multisim 软件在电子技术仿真实验中更具有专业性、实用性和灵活性。

6.1 Multisim 10 仿真软件介绍

6.1.1 Multisim 10 的用户界面及设置

1. Multisim 10 的启动

安装 Multisim 10 软件之后,系统会在桌面和开始栏的两个位置放置该应用程序的快捷方式图标,因此可以选择下列两种方法之一启动 Multisim 10 应用程序。

① 单击"开始"→"程序"→"National Instrument"→"Circuit Design Suite 10.0"→"Multisem 10.0"命令。

② 双击桌面上的"Multisim 10"快捷图标。

启动 Multisim 10 程序后,弹出如图 6-1 所示的 Multisim 10 软件的基本界面。

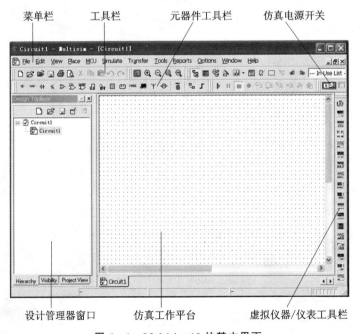

图 6-1　Multisim 10 的基本界面

2．Multisim 10 基本界面简介

Multisim 10 的基本界面由以下几部分组成：

（1）菜单栏

Multisim 10 的菜单栏提供了该软件的绝大部分功能命令，如图 6-2 所示。

图 6-2　Multisim 10 菜单栏

（2）工具栏

Multisim 10 工具栏中主要包括标准工具栏（Standard Toolbar）、主工具栏（Main Toolbar）、视图工具栏（View Toolbar）等，如图 6-3 所示。

图 6-3　Multisim 10 工具栏

（3）元器件工具栏

Multisim 10 将所有的元器件分为 16 类，加上分层模块和总线，共同组成了元器件工具栏。单击每个元器件按钮可以打开元器件库的相应类别。元器件库中的各个图标所表示的元器件含义如图 6-4 所示。

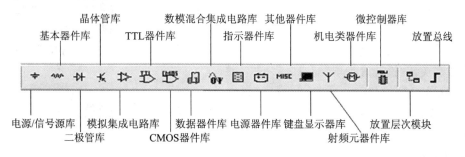

图 6-4　Multisim 10 的仿真开关

（4）虚拟仪器/仪表工具栏

虚拟仪器/仪表通常位于电路窗口的右边，也可以将其拖至菜单栏的下方，呈水平状。使用时，单击所需仪器/仪表的工具栏按钮，将该仪器/仪表添加到电路窗口中，即可在电路中使用该仪器/仪表。各个按钮功能如图 6-5 所示。

（5）设计管理器窗口

利用该窗口可以把电路设计的原理图、PCB 图、相关文件、电路的各种统计报告进行分类管理，利用"View"→"Desigh Toolbar"，可以打开或关闭设计管理器窗口。

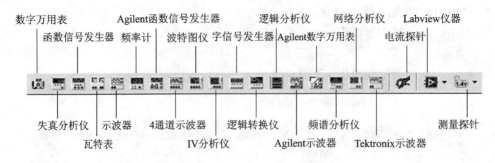

图 6-5 Multisim 10 虚拟仪器/仪表工具栏

(6) 仿真工作台

仿真工作平台又称电路工作区,是设计人员创建、设计、编辑电路图和进行仿真分析、显示波形的区域。

(7) 仿真开关

仿真开关有两处:一处仿真开关的运行按钮为"绿色箭头",暂停按钮为"黑色两竖条",停止按钮为"红色方块";另一处仿真开关为"船形开关",暂停按钮上有两竖条。两处按钮功能完全一样,即启动/停止、暂停/恢复,如图 6-6 所示。

(a) 仿真开关1　　(b) 仿真开关2

图 6-6 Multisim 10 的仿真开关

3. Multisim 10 基本界面的定制

在进行仿真实验以前,需要对电子仿真软件 Multisim 10 的基本界面进行一些必要的设置,包括工具栏、电路颜色、页面尺寸、聚焦倍数、边线粗细、自动存储时间、打印设置和元件符号系统(美式 ANSI 或欧式 DIN)设置等。所定制的设置可与电路文件一起保存。这样就可以根据电路要求及个人爱好设置相应的用户界面,目的是为了更加方便原理图的创建、电路的仿真分析和观察理解。因此,创建一个电路之前,一定要根据具体电路的要求和用户的习惯设置一个特定的用户界面。在设置基本界面之前,可以暂时关闭"设计管理器"窗口,使电子平台图纸范围扩大,方便绘制仿真电路。方法是:单击主菜单中的"View"→"Desigh Toolbar",即可以打开或者关闭"设计管理器"窗口。

定制当前电路的界面,一般可通过菜单中的"Option"(选项)菜单中的"Global Preferences"(全局参数设置)和"Sheet Preferences"(电路图或子电路图属性参数设置)两个选项进行设置。

(1) Global Preferences(全局参数设置)

单击菜单栏中的"Options"→"Global Preferences",即会弹出"Preferences"(首选项)对话框,如图 6-7 所示。该对话框共有 4 个标签页,每个标签页都有相应功能选项。这 4 个标签页是:Paths(路径设置)、Save(保存设置)、Parts(设置元器件放置模式和符号标准)、General(常规设置),如图 6-8 所示。

1) "Paths"(路径)选项卡

该选项主要用于元器件库文件、电路图文件和用户文件的存储目录的设置,系统默认的目录为 Multisim 10 的安装目录,包括:

① Circuit default path(电路默认路径):用户在进行仿真时所创建的所有电路图文件都

将自动保存在这个路径下,除非在保存的时候手动浏览到一个新的位置。

图 6-7 "Paths"选项卡   图 6-8 Options 的下拉菜单

② User button images path(用户按钮图像路径):用户自己设计图形按钮的存储目录。

③ Database Files(元器件库目录):Multisim 10 提供了 3 类元器件库:Master Database(主数据库,包含了 Multisim 10 提供的所有元器件,该库不允许用户修改)、User Database(用户数据库)、Corporate Database(公司数据库)。后两个元器件库在新安装的软件中没有元器件。

该标签页用户采取默认方式,如图 6-8 所示。

2) "Save"(保存)选项卡

单击"Preferences"对话框中的"Save"(保存标签),打开"Save"标签页,如图 6-9 所示。该标签页用于对设计文档进行自动保存以及对仪器仪表的仿真数据保存进行设置。

① "Crate a "security copy""选项:获得一个安全电路文件备份。在保存文档时,创建一个安全的副本,这样当原文件由于某种原因被破坏或者不能使用时,可以通过安全副本方便地重新得到,所以应勾选这个选项。

② "Auto - backup"选项:自动备份及备份时间间隔。如果勾选该项,则表示每隔一定时间,系统会自动对设计文件进行保存。用户可以在"Auto - backup interal"(自动保存时间间隔)框中输入时间即可,单位为分钟。

③ "Save simulation data with instruments"选项:建立仿真仪表数据保存功能及最大保存容量。如果保存的数据超过了"Maximum size"(最大保存容量),系统会弹出警告提示,容量的单位为 MB(兆字节)。图 6-9 为"Save"选项卡对话框。

3) "Parts"(元器件放置方式和符号标准)选项卡

该标签页主要用于选择放置元器件的方式、元器件符号标准、图形显示方式和数字电路仿真设置等,如图 6-10 所示。

① "Place component mode"(设置元器件放置方式)选项

● Return to Component Browsey after placement:在电路图中放置元器件后是否返回元

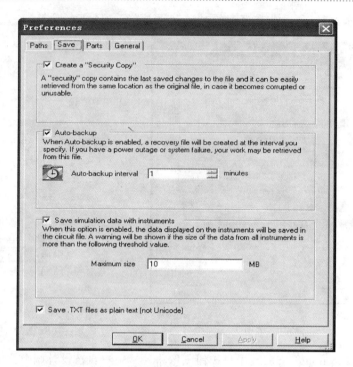

图 6-9 "Save"选项卡

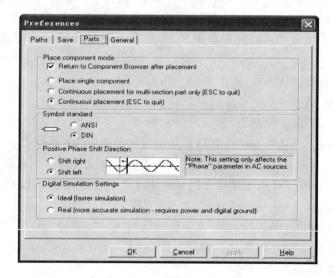

图 6-10 "Parts"选项卡

器件选择窗口,选择默认方式。

- Place single Component:每次选取一个元器件,只能放置一次。不管该元器件是单个封装还是复合封装(指一个 IC 内有多个相同的单元器件)。
- Continuous placement for multi-section part only(ESC to quit):按 ESC 键或右击可以结束放置。例如:集成电路 74LS00 中有 4 个完全独立的与非门,使用这个选项意味着可以连续放置 4 个与非门电路,并自动编排序号 U1A、U1B、U1C、U1D,但对单个分立元器件不能连续放置。

- Continuous placement(ESC to quit):不管该元器件是单个封装还是复合封装,只要选取一次该元器件,可连续放置多个元器件,直至按 ESC 键或右击可结束放置。为了画图快捷方便,建议选择这种方式。

② "Symbol standard"(元器件符号标准)选项组:
- ANSI:美国标准元器件符号,业界广泛使用 ANSI 模式。
- DIN:欧洲标准元器件符号。DIN 模式与我国电气符号标准非常接近,一般选择 DIN 模式。

③ "Positive Phase Shift Direction"(选择相移方向):
- Shift right:图形曲线右移。
- Shift left:图形曲线左移。

用户可以选择向左或者向右,通常默认曲线左移。该项设置只是信号源为交流电源时才起作用。

④ "Digital Simulation Setting"(设置数字电路的仿真方式)选项组:
- Ideal(faster simulation):按理想器件模型仿真,可获得较高速度的仿真。通常选择"Ideal"方式。
- Real(more accurate simulation－requires power and digital ground):表示更加真实准确的仿真。这要求在编辑电路原理图时,要给数字元器件提供电源符号和数字接地符号,其仿真精度较高,但仿真速度较慢。

4)"General"(常规)选项卡

"General"选项卡主要用于设置选择方式、鼠标操作模式、总线连接和自动连接模式,如图 6-11 所示。

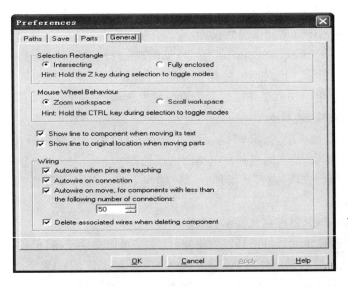

图 6-11 "General"选项卡

① "Selection Restangle"(矩形选择操作)选项组:
- Intersection(相交):选中元器件时只要用鼠标拖曳形成一个矩形方框,只要矩形框和元器件相交,即可将该元器件选中,一般默认这种方式。

- Fully enclosed(全封闭)：欲选中元器件时，必须用鼠标拖曳形成一个矩形框，一定要将元器件包围在矩形框中，才能将该元器件选中。

注意：在选中元器件过程中，通过按住 Z 字键，在上述两种方式中进行切换。

② "Mouse Wheel Behavior"(鼠标滚动模式)选项组：
- Zoom workspace：鼠标滚轮时，可以实现图纸的放大或缩小，一般默认这种方式。
- Scyoll workspace：鼠标滚动时，电路图页面将上下移动。

用户可以在滚动鼠标滚轮时，通过按下 Ctrl 键对两种操作方式进行切换。

③ "Show line to component when moving its text"选项：选中该选项，移动元器件标识过程中，系统将实时显示该文本与元器件图标间的连线。

④ "Show line to original location when moving parts"选项：选中该选项，移动元器件过程中，系统将实时显示元器件当前位置与初始位置的连线。

⑤ "Wiring"(布线)选项组：设置线路绘制中的一些参数，即
- Autowine when pins are touching：当元器件的引脚碰到连线时自动进行连接，应勾选。
- Autowine on connection：选择是否自动连线，应该勾选。
- Autowine on move, for…：如果电路图中元器件的连接线没有超过一定数量，选中此选项，在移动某个元器件时，将自动调整连接线的位置。如不勾选此项，若元器件连接线超过一定数量，移动元器件时，自动调整连线的效果不理想。用户可根据实际情况设定连线的数量，默认值为 50 条。
- Delete associated wines when deleting component：选中此项，当删除电路图中某个元器件时，同时删除与它相连接的导线。

对于初学者来说，"General"选项卡可采用默认方式。

完成以上设置并保存后，下次打开运行该软件时就不必再设置了。

(2) Sheet properties(电路图属性设置)

选择"Options"→"Sheet Properties"命令(见图 6-12)，弹出 Sheet Properties(页面设置)对话框，如图 6-13 所示。该对话框共有 6 个标签页，每个标签页都有多个功能设置选项，基本包括 Multisim 10 电路仿真工作区的全部界面设置选项。

1) "Circuit"(电路)选项卡

该标签页有两个选项组，"Show"(显示)和"Color"(颜色)，主要用于设置电路仿真工作区中元器件的标号和参数、节点的名称及电路图的颜色等。

① "Show"(显示)选项：设置元器件、网络、连线上显示的标号等信息，分为元器件、网络和总线 3 个选项。

a. "Component"(元器件属性显示)选项
- Labels：是否显示元器件的标注文字，标注文字可以是字符串，但没有电气含义。
- RefDes：是否显示元器件在电路图中的编号，如 R1、R2、C1、C2 等。
- Values：是否显示元器件的标称值或型号，如 5.1 kΩ、100 μF、74LS00D 等。
- Initeal Conditions：是否显示元器件的初始条件。
- Tolerance：是否显示元器件的公差。
- Variant Data：是否显示不同的特性，一般不选。
- Attributes：是否显示元器件的属性，如生产厂家等，一般不选。

图 6-12 Options 的下拉菜单

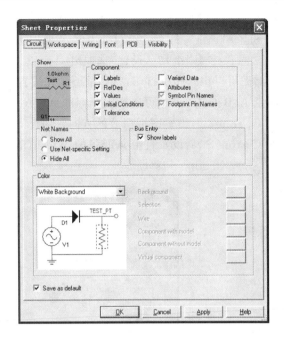

图 6-13 "Sheet Properties"(页面设置)对话框

- Symbol Pin Name：是否显示元器件引脚的功能名称。
- Footprint Pin Name：是否显示元器件封装图中引脚序号。

最后两个选项框默认为灰色。上述各个选项，一般选择默认。

b. "Net Nasines"(网络属性显示)选项

- Show All：显示电路的全部节点编号。
- Use Net-specific Setting：选择显示某个具体的网络名称。
- Hide All：选择隐藏电路图中所有节点编号。

c. Bus Entry(总线属性显示)选项

- Show labels：是否显示导线和总线连接时每条导线的网络称号，必须勾选。

② "Color"(电路图颜色)选项

通过下拉菜单可以设置仿真电路中元器件、导线和背景的颜色。在颜色选择栏有 5 种配色方案供选择，依次是：Custom(用户自定义)、Black Background(黑底配色方案)、White Backgyound(白底配色方案)、White & Black(白底黑白配色方案)、Black & White(黑底黑白配色方案)。一般采取默认"White Backgyound"(白底配色方案)方案，即图纸为白色，导线为红色，元器件为蓝色。右下角方框为电路颜色显示预览，如图 6-13 所示。

2) "Workspace"(工作区)选项卡

单击"Sheet Properties"对话框中"Workspace"标签，即可打开如图 6-14 所示的"Workspace"标签页。该标签页有两个选项组，主要用于设置电路仿真工作区显示方式、图纸的尺寸和方向等，其具体功能如下：

① Show(显示子选项)选项组

- Show grid：是否显示栅格，在画图时，显示栅格可以方便元器件的排列和连线，使得电路图美观大方，所以一般要勾选该选项。

- Show page bounde：是否显示图纸的边界。
- Show border：是否显示图纸边框，一般选择显示边框。

② Sheet size（图纸尺寸设置）选项组

电路图可以用打印机打印，打印前要预先设置图纸的规格，通过下拉式菜单可以选择美国标准图纸 A、B、C、D、E，也可选择国际标准 A4、A3、A2、A1、A0 或者自定义。

- Orientation：设置图纸摆放的方向，Portrait（竖放）或者 Landscape（横放）。
- Custom Size：设置自定义纸张的 Width（宽度）和 Height（高度），单位为 Inchtom（英寸）或 Centimeters（厘米）。

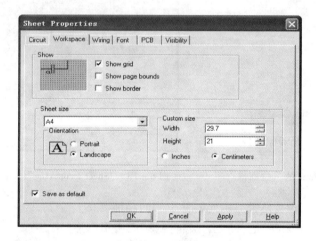

图 6-14 "Workspace"选项卡

3）"Wiring"（连线选项）选项卡

单击"Sheet Properties"对话框中的"Wiring"标签，如图 6-15 所示。该标签页有两个选项，主要用于设置电路图中导线和总线的宽度以及总线的连线方式。

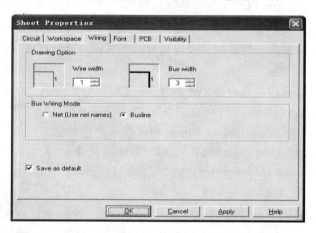

图 6-15 "Wiring"选项卡

① Drawing Option：左边用来设置导线的宽度，宽度选值范围为 1~15，数值越大，导线越宽。右边用来设置总线宽度，其宽度选值为 3~45，数值越大，总线越宽。一般默认系统的设置。

② Bus Wiring Mode：设置总线的自动连接方式。

总线的操作有两种模式：Net 模式（网络形式）和 Busline 模式（总线形式），一般情况下，选择 Net 模式。

4) Font(字体选项)选项卡

单击"Sheet Properties"对话框的"Font"标签，即可打开如图 6-16 所示的"Font"标签页。该标签页用于设置图纸中元器件参数、标识等文字的字体、字形和尺寸，以及字形的应用范围。

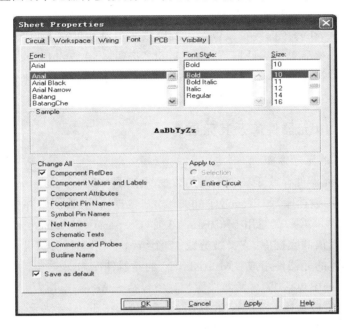

图 6-16　"Font"选项

① 选择字形
- Font(字体)：用于选择字体，默认"Arial"宋体。
- Font Style(字形)：有 Bold(粗体字)、Bold Italic(粗斜体)、Italic(斜体字)和 Regular(正常)4 种选择。
- Size：选择字体大小。
- Sample：设置的字体预览，用来观察字体设置效果。

② Change All(选择字体的应用项目)

通过"Change All"选项组设置电路窗口某项字体实现整体变化，即改变某项目中字体的设置，以后所画的电路图同项目字体都将随着变化。可选的项目如下：
- Component Refdes：选择元器件编号采用所设定的字形，如 R1、C1、Q1、U1A、U1B 等元器件编号。
- Component Values and Label：选择元器件的标称值和标注文字采用所设定的字形。
- Component Attributes：选择元器件属性文字采用的字形。
- Footprint Pin Names：选择元器件引脚编号采用的字形。
- Symbol Pin Names：选择元器件引脚名称采用的字形。
- Net Names：选择网络名称采用的字形。
- Schematic Texts：选择电路图里的文字采用的字形。

- Comments and Probes：选择注释和探针采用的字形。
- Busline Name：选择总线名称采用的字形。

该选项对初学者来讲可采取默认方式。

③ Apply to(选择字体的应用范围)
- Selection：应用于选取的项目。
- Entire Circuit：应用于整个电路图。

上述4个标签页,在每个标签页设置完成后应该取消对话框左下角"Save as default"(以默认值保存)复选框,然后单击对话框下方的"Apply"按钮,再单击"OK"按钮退出。

以上设置完成并被保存后,下次打开软件就不必再设置。对初学者来说,完成以上设置就可以了,如要了解其他选项及设置,可以参阅相关书籍。

6.1.2 Multisim 10 元器件库及其元器件

1. Multisim 10 的元器件库

Multisim 10 的元器件存放于3种不同的数据库中,即 Master Database(主数据库)、Corporate Database(公司数据库)和 User Database(用户数据库)。后两者存放企业或个人修改、创建和导入的元器件。第一次使用 Multisim 10 时,Corporate Database 和 User Database 是空的。主数据库是默认的数据库,它又被分成17个组,每个组又被分成若干个系列(Family),每个系列由许多具体的元器件组成。Multisim 10 的元器件库如图6-17所示。

Master Database 中包括17个元器件库。其中包括 Sources(电源/信号源库)、Basic(基本元器件库)、Diodes(二极管库)、Transistors(晶体管库)、Analog(模拟元器件库)、TTL(TTL元器件库)、CMOS(CMOS元器件库)、Mcu(微控制器库)、Advances_Peripherals(先进外围设备库)、Misc Digital(数字元器件库)、Mixed(混合元器件库)、Indicator(指示元器件库)、Power(电力元器件库)、Misc(杂项元器件库)、RF(射频元器件库)、Electro Mechanical(机电类元器件库)和 Ladder-Diagrams(电气符号库)。在 Master Database 数据库下面的每个分类元器件库中,又包括若干个元器件系列(Family),每个系列又包括若干个元器件。

当用户从元器件库中选择一个元器件符号放置到电路图窗口后,相当于将该元器件的仿真模型的一个副本输入到电路图中。在电路设计中,用户从元器件的任何操作都不会改变元器件库中元器件的模型数据。

- Data base 下拉列表：选择元器件所属的数据库,默认 Master Databse(主数据库)。
- Group 下拉列表：选择元器件库的分类,共17种不同类型的库。
- Family 栏：每种库中包括的各种元器件系列。
- Component 栏：每个系列中包括的所有元器件。
- Symbol(DIN)：显示所选元器件的电路符号(这里选择的是欧洲标准)。

(1) Sources(电源/信号源库)

电源/信号源库中包括正弦交流电压源、直流电压源、电流信号源、接地端、数字接地端、时钟电压源、受控源等多种电源,如图6-17所示。

(2) Basic(基本元器件库)

基本元器件库中有17个系列(Family),每一系列又包括各种具体型号的元器件,常用的电阻、电容、电感和可变电阻、可变电容都在这个库中。还有电解电容器、开关、非线性变压器、继电器、连接器、插槽等,如图 6-18 所示。

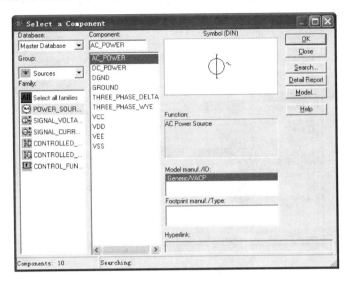

图 6-17　电源/信号源库

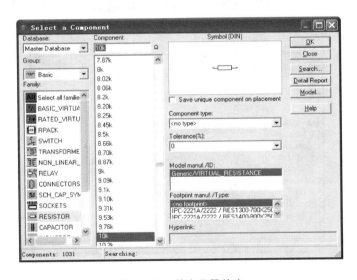

图 6-18　基本元器件库

(3) Diodes(二极管库)

二极管库中共有 11 个系列(Family),其中包含 DIODE(普通二极管)、ZENER(稳压二极管)、LED(发光二极管)、FWB(桥式整流二极管组)和 SCR(晶闸管)等。DIODES_VIRTUAL(虚拟二极管)只有两种,其参数是可以任意设置的,如图 6-19 所示。

(4) Transistors(晶体管库)

三极管库包含 20 个系列(Family),其中有 NPN 型晶体管、PNP 型晶体管、达林顿晶体管、结型场效应晶体管、耗尽型 MOS 场效应晶体管、增强型 MOS 场效应晶体管、MOS 功率管、CMOS 功率管等,如图 6-20 所示。

(5) Analog(模拟集成电路)

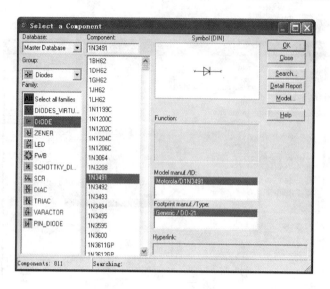

图 6-19 二极管库

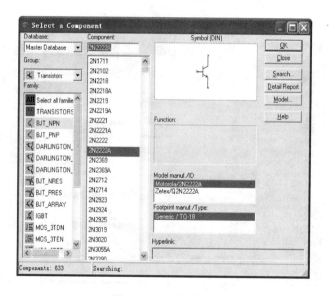

图 6-20 三极管库

模拟集成电路元器件库含有 6 个系列(Family)，分别是 ANALOG VIRTUAL(虚拟运算放大器)、OPAMP(运算放大器)、OPAMP NORTON(诺顿运算放大器)、比较器、宽带放大器等，如图 6-21 所示。

(6) TTL(TTL 元器件库)

TTL 元器件库包含 9 个系列(Family)，主要包括 74STD_IC、74STD、74S_IC、74S、74LS_IC、74LS、74F、74ALS、74AS。每个系列都含有大量数字集成电路。其中，74STD 系列是标准 TTL 集成电路，74LS 系列是低功耗肖特基工艺型集成电路，74AS 代表先进(即高速)的肖特基型集成电路，是"S"系列的后继产品，在速度上高于"ALS"系列。74ALS 代表先进(即高速)的低功耗肖特基工艺，在速度和功耗方面均优于"74LS"系列，是其后继产品。74F 为仙童公司的高速低功耗肖特基工艺集成电路。

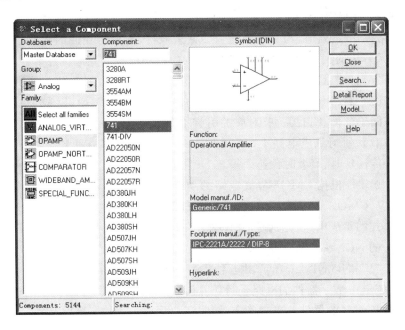

图 6-21 模拟集成电路库

Multisim 10 中的"IC"结尾表示使用集成块模式,而没有 IC 结尾的表示使用单元模式。TTL 元器件一般是复合型结构,在同一个封装里有多个相互独立的单元电路,如 74LS08D,它有 A、B、C、D 四个功能完全一样的与门电路,如图 6-22 所示。

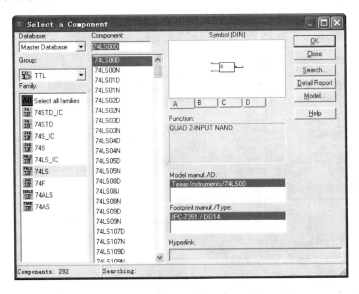

图 6-22 TTL 元件库

(7) CMOS(CMOS 元器件库)

COMS 集成电路是以绝缘栅场效应晶体管(即金属—氧化物—半导体场效应晶体管,亦称单极型晶体管)为开关的元器件。Multisim 10 提供的 CMOS 集成电路共有 14 个系列(Family),主要包括 74HC 系列、4000 系列和 TinyLogic 的 NC7 系列的 COMS 数字集成电路。

在 CMOS 系列中又分为 74C 系列、74HC/HCT 系列和 74AC/ACT 系列。对于相同序号的数字集成电路,74C 系列与 TTL 系列的引脚完全兼容,故序号相同的数字集成电路可以互换,并且 TTL 系列中的大多数集成电路都能在 74C 系列中找到相应的序号。74HC/HCT 系列是 74C 系列的一种增强型,与 74LS 系列相比,74HC/HCT 系列的开关速度提高了 10 倍;与 74C 系列相比,74HC/HCT 系列具有更大的输出电流。74AC/ACT 系列也称为 74ACL 系列,在功能上等同于各种 TTL 系列,对应的引脚不兼容,但 74AC/ACT 系列的集成电路可以直接使用到 TTL 系列的集成电路上。74AC/ACT 系列在许多方面超过 74HC/HCT 系列,如抗噪声性能、传输延时、最大时钟速率等。

Multisim 10 软件根据 CMOS 集成电路的功能和工作电压,将它分成 6 个系列:CMOS_5V、CMOS_10V、CMOS_15V 和 74HC_2V、74HC_4V、74HC_6V。Multisim 10 中同样有 CMOS 的 IC 模式的集成电路,分别是 CMOS_5V_IC、CMOS_10V_IC 和 74HC_4V_IC。

TinyLogic 的 NC7 系列根据供电方式分为:TinyLogic_2V、TinyLogic_3V、TinyLogic_4V、TinyLogic_5V 和 TinyLogic_6V,共五种类型,如图 6-23 所示。

在对含有 CMOS 数字器件的电路进行仿真时,必须在电路工作区内放置一个 VDD 电源符号,其数值根据 CMOS 器件要求来确定,同时还要再放一个数字接地符号。

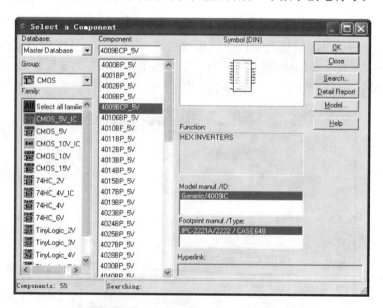

图 6-23 CMOS 数字集成电路库

(8) MCU Module(微控制器元器件库)

MCU Module 库包含 4 个系列(Family):8051 和 8052 两种单片机、PIC 系列的两种单片机、数据存储器和程序存储器,如图 6-24 所示。

(9) Advanced_Peripherals(高级外围设备库)

Advanced_Peripherals 库包括 KEYPADS(键盘)、LCD(液晶显示器)和 TERNUNALS(终端设备),如图 6-25 所示。

(10) Misc Digital(其他数字器件库)

其他数字器件库包括 TIL、DSP、FPGA、PLD、CPLD、微控制器、微处理器、VHDL、存储

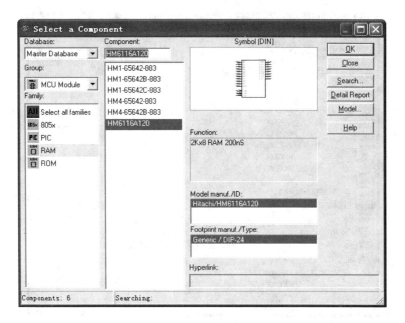

图 6-24　微控制器元器件库

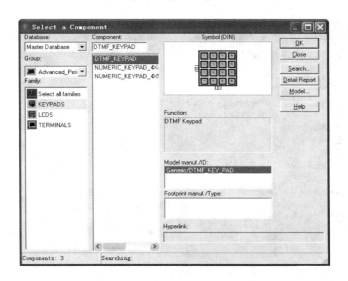

图 6-25　高级外围设备库

器、线性驱动器、线性接收器、线性无线收发器等 12 个系列器件，如图 6-26 所示。

(11) Mixed(数模混合元器件库)

数模混合元器件库包括 5 个系列(Family)，主要有 Timer(555 定时器)、ADC/DAC(模数/数模转换器)、MULTIVBRATORS(多谐振荡器)等，如图 6-27 所示。

(12) Indicatoy(指示器件库)

指示器件库包括 8 个系列(Family)，它们是 VOLTMER(电压表)、AMMETER 电流表)、PROBE(逻辑指示灯)、BUZZER(蜂鸣器)、LAMP(指示灯)、VIRTUAL_LAMP(虚拟指示灯)、HEX_DISPLAY(7 段数码管)等，如图 6-28 所示。

数字电路

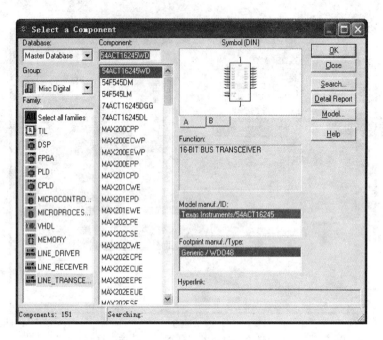

图 6-26　其他数字器件库

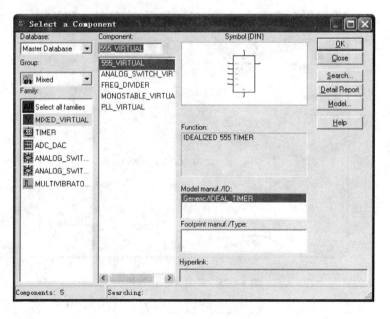

图 6-27　数模混合器件库

(13) POWER(电源器件库)

电源器件库包括 FUSE(熔断器)、VOLTAGE_REGULATOR(三端稳压器)、PWM_CONTROLLER(脉宽调制控制器)等,如图 6-29 所示。

(14) Misc(杂项元器件库)

杂项元器件库包括:传感器、OPTOCOUPLER(光电耦合器)、CRYSTAL(石英晶体振荡器)、VACUUM_TUBE(电子管)、BUCK_CONVERTER(开关电源降压转换器)、BOOST_

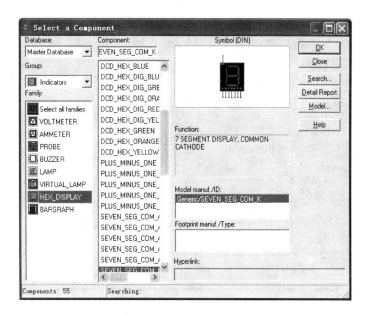

图 6-28 指示器件库

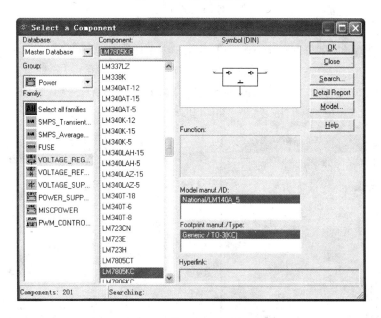

图 6-29 电源器件库

CONVERTER(开关电源升压转换器)、BUCK_BOOST_CONVERTER(开关电源升降压转换器)、LOSSY_TRANSMISSION LINE(有损耗传输线)、LOSSLESS_LINE TYPE1(无损耗传输线 1)、LOSSLESS_LINE_TYPE2(无损耗传输线 2)、FILTERS(滤波器)等,如图 6-30 所示。

(15) RF(特高频元器件库)

射频(特高频)器件库包括 RF_CAPACITOR(射频电容)、RF_INDUCTOR(射频电感)、RFBJT_NPN(射频 NPN 型三极管)、RF_BJT_PNP(射频 PNP 型三极管)、RF_MOS_3TDN

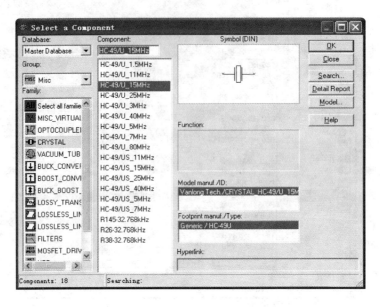

图 6-30　杂项元器件库

(射频 MOSFET 管)、带状传输线等多种射频元器件,如图 6-31 所示。

(16) Electro_mechanical(机电类器件库)

机电类器件库包括 SENSING_SWITCHES(检测开关)、MOMENTARY_SWITCHES(瞬时开关)、SUPPLEMENTARY_CONTACTS(附加触点开关)、TIMED_CONTACTS(定时触点开关)、COILS_RELAYS(线圈和继电器)、LINE_TRANSFORMER(线性变压器)、PROTECTION_DEVICES(保护装置)三相电机等器件,如图 6-32 所示。

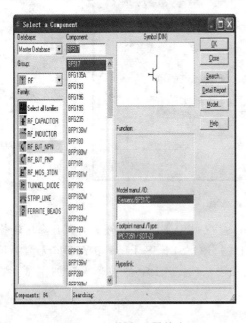

图 6-31　射频元器件库

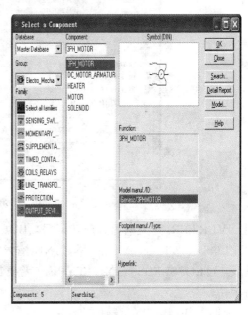

图 6-32　机电元器件库

2. 元器件的查找

在元器件库中查找元器件的途径有两种,即分门别类地浏览查找(见图 6-33)和输入元器件名称查找。

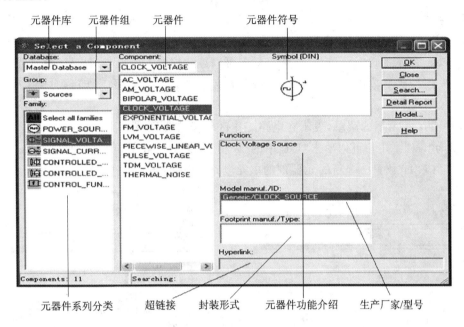

图 6-33 元器件库浏览窗口

(1) 分门别类浏览查找

选取元器件时,首先要知道该元器件属于哪个元器件库(17 个元器件库),将光标指向元器件工具栏上的元器件所属的元器件分类库图标,即可弹出"Select a Component"(选择元器件)对话框。在该窗口中显示所选元件的相关资料,如图 6-34 所示。

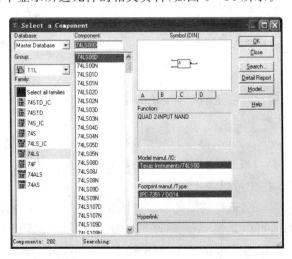

图 6-34 复合封装元器件的查找

在该浏览窗口中首先在 Group 下拉列表中选择器件组,再在 Family 下拉列表中选择相应的系列,这时在元器件区弹出该系列的所有元器件列表,选择一种元器件,功能区就出现了该元器件的信息。

案例：复合封装元器件74LS00的放置。

单击元器件工具栏中的"⊕"图标，弹出"Select a component"对话框，在"Family"下拉列表中选择"74LS"，在"component"列表中，可以看到74LS系列所有的元器件。选择74LS00D，单击"OK"按钮，切换到电路图设计窗口下，如果是第一次放置74LS00D，可以看到如图6-35(a)所示的选择菜单，这意味着最多可以连续放置4个与非门电路，移动光标在菜单的"A""B""C""D"上单击右键，与非门电路就会自动出现在电路工作区，并自动编排序号U1A、U1B、U1C、U1D，如图6-35(b)所示。

图6-36(a)所示的菜单，表示在电路工作区已经放置过该元器件的一个单元电路，元器件的标识为"U1"。用户可以单击"U1"中的"B""C""D"继续放置。也可以单击"New"一栏中的"A""B""C""D"放置一个新的元器件的单元电路，其编号自动为U2A、U2B、U2C、U2D。

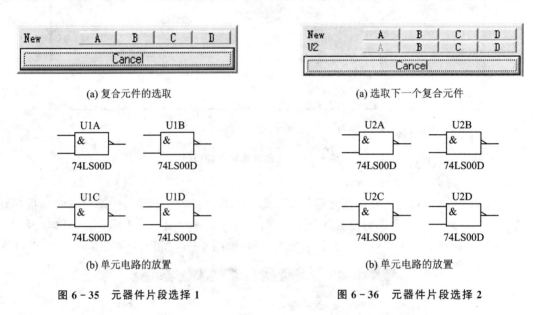

图6-35 元器件片段选择1　　　　图6-36 元器件片段选择2

（2）搜索元器件

如果对元器件分类信息有一定的了解，Multisim 10提供了强大的搜索功能，帮助用户快速找到所需元器件，具体操作如下：

① 单击"Place"→"component"菜单，弹出"Select a compnent"（选择元器件）对话框。

② 单击"Search"（搜索）按钮，弹出如图6-37(a)所示的"Search Componene"（搜索元器件）对话框。Component栏中可以输入关键词。

③ 单击"Advanced"按钮，选择详细的搜索对话框，如图6-37(b)所示。

④ 输入搜索关键词，可以是数字和字母（不区分大小写），对话框中的空白处至少填入一个条件，条件越多查得越准，在Component框中输入字符串，如"74LS*"，然后单击"Search"按钮，即可开始搜索，最后弹出搜索结果"Search Component Result"对话框，如图6-38所示。在对话框的"Component"列表栏中，列出了搜索到的所有以"74LS"开头的元器件。单击查找到的元器件，单击"OK"按钮，将查找的元器件放置在电路图窗口。

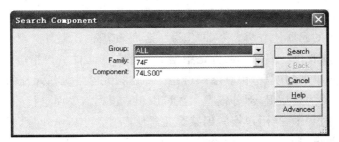

(a) 搜索元器件对话框

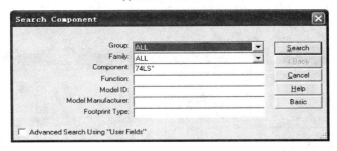

(b) 设置更多搜索条件

图 6-37 "Select a Compnent"对话框

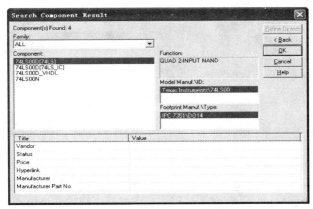

(a) 搜索结果1

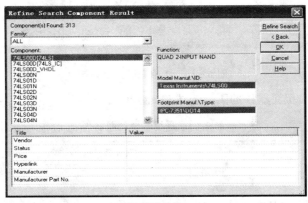

(b) 搜索结果2

图 6-38 "Search Component Result"对话框

3. 使用虚拟元器件

Multisim 10 中的元器件有两大类,即实际元器件和虚拟元器件。严格地讲,元器件库中所有的元器件都是虚拟的。实际元器件是根据实际存在的元件参数精心设计的,与实际存在的元器件基本对应,模型精度高,仿真结果可靠。而虚拟元器件是指元件的大部分模型参数是该种(或该类型)元件的典型值,部分模型参数可由用户根据需要而自行确定的元件。

在元器件查找过程中,当用户搜索到某个元器件库时,在"Family"栏下凡是出现墨绿色按钮者,表示该系列为虚拟元器件,选中该虚拟元器件,在"Component"栏下,显示出该系列所有的虚拟元器件名称,选中其中的一个元器件,再单击"OK"按钮,该虚拟元器件就可以被放置到电路工作区,如图 6-39 所示。

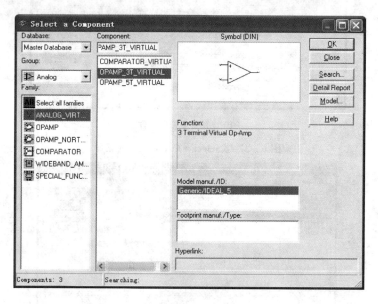

图 6-39　虚拟元器件的查找

一般情况下,虚拟元器件库是这样打开的:选择主菜单的"View"→"Toolbars"命令,在弹出的下拉菜单中选中"Virtual"选项,在工具栏上可以看到虚拟元器件工具条,如图 6-40 所示。

图 6-40　虚拟元器件工具条

表 6-1 所列为虚拟元器件的图标描述和元器件描述。

表 6-1　虚拟元器件的列表

图标描述	包含元器件描述
模拟元器件条按钮	包含元器件: ▷ ▷ ▷ 依次为:比较器;3 端子运算放大器;5 端子运算放大器

续表 6-1

图标描述	包含元器件描述
基本元器件按钮	包含元器件： 依次为：电容器；空芯电感器；磁芯电感器；非线性变压器；电位器；常开触点继电器；常闭触点继电器；组合继电器；电阻器；音频变压器；多功能变压器；功率变压器；变压器；可变电容器；可变电感器；上拉电阻和压控电阻器
二极管元器件按钮	包含元器件： ，依次为：二极管；稳压二极管
晶体管元器件按钮	包含元器件： 依次为：四端子双极型 NPN 型晶体管；双极型 NPN 型晶体管；四端子双极 PNP 型晶体管；双极 PNP 型晶体管；N 型砷化镓场效应管；P 型砷化镓场效应管；N 型场效应管；P 型场效应管；3 端子 N 型增强型 MOS 管；3 端子 P 型耗尽型 MOS 管；3 端子 N 型增强型 MOS 管；3 端子 P 型增强型 MOS 管；4 端子 N 型耗尽型 MOS 管；4 端子 P 型耗尽型 MOS 管；4 端子 N 型增强型 MOS 管；4 端子 P 型增强性 MOS 管
测量元器件按钮	包含元器件： 依次为：电流表(4 个，连接方向不同)；探针(5 个，颜色不同)；电压表(4 个，接连方向不同)
混杂元器件按钮	包含元器件： 依次为：555 定时器；模拟开关；晶体振荡器；16 进制 DCD；保险丝；指示灯；单稳态电路；电动机；光电耦合器；锁相环；共阳极 7 段数码管；共阴极 7 段数码管
电源按钮	包含元器件： 依次为：交流电压源；直流电压源；数字地；模拟地；三相电压源(三角形连接)；三相电压源(星形连接)；VCC；VDD；VEE；VSS
虚拟定值元器件按钮	包含元器件： 依次为：NPN 管；PNP 管；电容器；二极管；电感器；电动机；继电器(常闭)；继电器(常开)；组合继电器；电阻器
信号源按钮	包含元器件： 依次为：交流电流源；交流电压源；调幅电压源；时钟脉冲电流源；时钟脉冲电压源；直流电流源；指数电流源；指数电压源；调频电流源；调频电压源；分段线性电流源；分段线性电压源；脉冲电流源；脉冲电压源

在电子设计中选用实际元器件，不仅可以使设计仿真与实际情况有良好的对应性，还可以直接将设计导出到 Ultiboard 10 中进行 PCB 的设计。虚拟元器件只能用于电路的仿真。

6.2 仿真教学案例

6.2.1 几种常见的逻辑运算的仿真

1. 与非运算的仿真

与非运算为先与运算后非运算。实现与非运算的电路称为与非门电路。74LS00 是四 2 输入与非门,将它的两个输入端和字信号发生器输出端相连接,字信号发生器的输出信号如图 6-41 所示。用 4 通道示波器观察 74LS00 输入、输出的波形,最下方为与非门的输出波形。

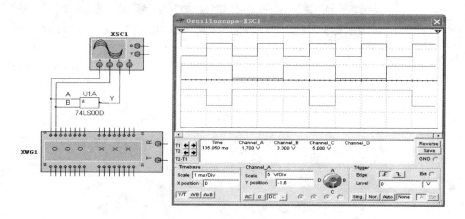

图 6-41 与非门电路的波形图

在图 6-42 中,是用逻辑转换仪得出的与非逻辑真值表:有 0 出 1,全 1 出 0。

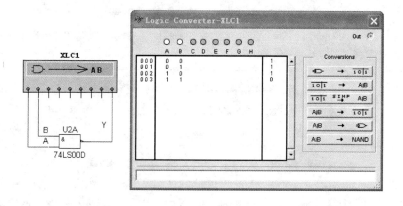

图 6-42 与非门的真值表

2. 或非运算的仿真

或非运算为先或运算后非运算。实现或非运算的电路称为或非门电路。74LS02 是四 2 输入或非门电路,根据上述同样的方法,可以用示波器测出它的输入、输出波形,如图 6-43 所示。

用逻辑转换仪可以求出或非逻辑的真值表:有 1 出 0,全 0 出 1。如图 6-44 所示。

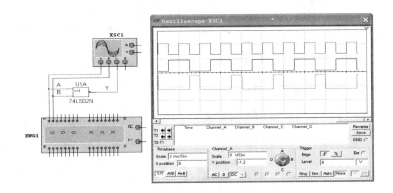

图 6-43 或非门电路的波形图

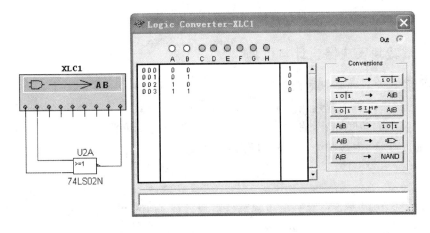

图 6-44 或非门电路的真值表

3. 与或非运算的仿真

与或非运算为先与运算后或运算再进行非运算。74S51 为 2 输入与或非门,在图 6-45 中,分别按动 A、B 和 C、D 键,仔细观察两组输入状态的组合,可以看出:两组输入中至少有一个输入端为低电平时,输出为高电平;如果有一组输入端都为高电平,则输出就为低电平。

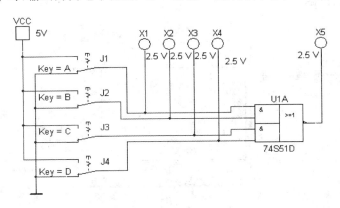

图 6-45 与或非门电路

在图 6-46 中,用逻辑转换仪分析出了与或非门电路的真值表。

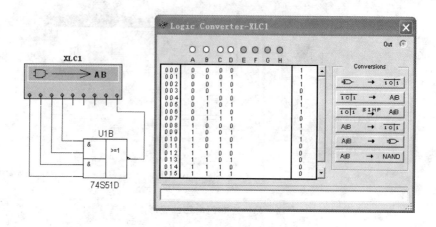

图 6-46 与或非门电路的真值表

6.2.2 举重裁判表决器设计与仿真

案例：设计一个举重裁判表决器。设举重比赛有 3 个裁判，一个主裁判和两个副裁判。杠铃完全举上的裁决由每一裁判按一下自己面前的按钮来确定。只有当两个以上裁判（其中必须有主裁判）判明成功时，表示成功的灯才能亮。试设计逻辑电路。

解：设输入变量：主裁判为 A，副裁判分别为 B 和 C，按下按钮为 1，否则为 0；输出变量，表示成功与否的灯为 Y，灯亮为 1，不亮为 0。

将逻辑转换仪拖曳到电路工作区放下，双击图标得到转换仪面，单击 A、B、C 三个按钮，出现 8 种组合信号，依据题意将函数输出列的结果逐一修改为"0"或"1"，如图 6-47 所示。然后单击 (真值表转换为逻辑表达式)按钮，由真值表求逻辑函数的最简"与或"表达式，如图 6-48 所示。接着再单击 (表达式转换为逻辑电路)按钮，得到由与门和非门组成的逻辑电路，如图 6-49 所示。或者单击 (表达式转换为与非门电路)按钮，得到由与非门组成的逻辑电路，如图 6-50 所示。

组合逻辑电路的设计通常尽可能减少选用器件的数目和种类，从而设计出经济、性能稳定和工作可靠的逻辑电路。

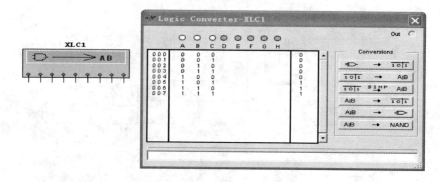

图 6-47 逻辑电路的设计

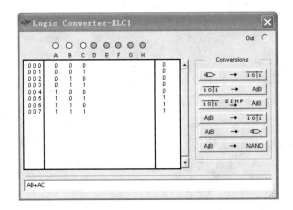

图 6-48 由真值表求逻辑函数式

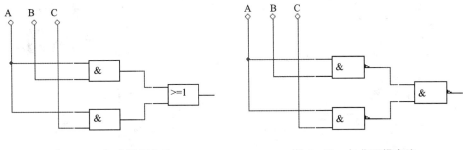

图 6-49 与或逻辑电路　　　　　　　图 6-50 与非逻辑电路

6.2.3　二-十进制优先编码器 74LS147 的仿真

在图 6-51 中,输入信号(编码申请)低电平有效,10 个输入端的优先级别的高低次序依次为 I_9、I_8、I_7、I_6、I_5、I_4、I_3、I_2、I_1,当 $I_9=0$ 时,无论其他输入端是 0 或 1,只对 I_9 编码,输出为 1001。当 $I_9=1$,$I_8=0$ 时,无论其他输入端是 0 或 1,只对 I_8 编码,输出为"1000",依此类推。当 $I_9 \sim I_1$ 全部为 1 时,这时的输出才是 I_0 的编码"0000"。

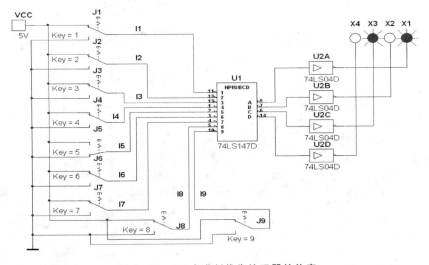

图 6-51 二-十进制优先编码器的仿真

6.2.4 显示译码器

1. 共阳极数码管的驱动

图 6-52,它的作用是把输入的 8421BCD 码翻译成对应于数码管的七个字段信号(即 7 位二进制代码),驱动数码管显示出"0~9"十个十进制数的符号。74LS47 有 4 个输入端 D、C、B、A,有 7 个输出端,输出低电平有效。当输出为低电平时,驱动能力较强,灌电流高达 40 mA。数码管每个引脚上都串联了一个限流电阻,防止流过发光二极管的电流过大,烧毁发光二极管。字信号发生器产生 0000~1001 十个代码,当循环输出时,数码管循环显示 0~9 十个符号。

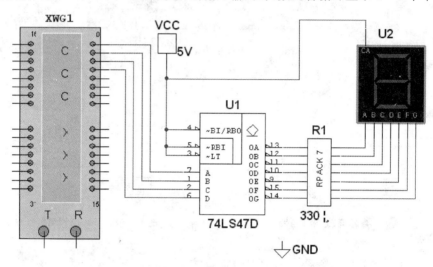

图 6-52 显示译码器与共阳数码管的连接

图 6-53 为 74LS47 的真值表测试电路,74LS47 是 OC 门输出,OC 门输出高电平时必须外接上拉电阻到 V_{cc}。逻辑分析仪使用时采用内部触发,时钟频率修改为"1 kHz"。逻辑分析仪测出的结果和 74LS47 的真值表是完全一致的,不妨拖动游标指针看看。

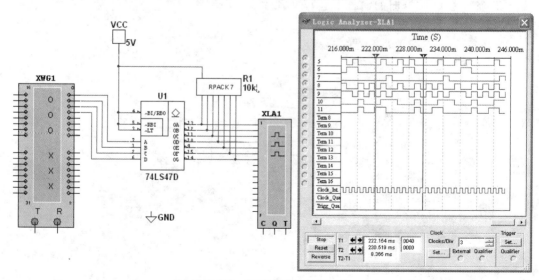

图 6-53 显示译码器的真值表

2. 共阴极数码管的驱动

图 6-54 是用 CMOS 集成电路 CC4511 作译码器/驱动器的数码显示电路，输出高电平有效，所以必须使用共阴极数码管。

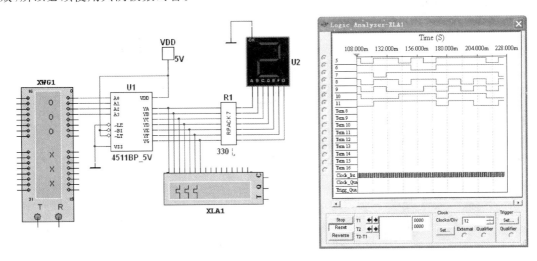

图 6-54　显示译码器驱动共阴极数码管

6.2.5　74LS290 计数器应用

1. 利用"异步置 0"功能获得 N 进制计数器的仿真

案例：试用 74LS290 构成七进制计数器

在二-五-十进制计数器的基础上，利用其辅助控制端子，通过不同的连接（即反馈复位法），用 74LS290 集成计数器可构成任意进制计数器。

如图 6-55 所示为 74LS290 构成的七进制计数器电路。首先写出"7"的二进制代码：$S_7 = 0111$，再写出反馈归零函数：由于 74LS290 的异步置 0 信号为高电平 1，即只有 R_{01} 和 R_{02} 同时为高电平 1，计数器才能被置 0，故反馈归零函数 $R_0 = R_{01} \cdot R_{02} = Q_C Q_B Q_A$。可见要实现七进制计数，应将 R_{01} 和 R_{02} 并联后通过与门电路和 $Q_C Q_B Q_A$ 相连，同时将 R_{91} 和 R_{92} 接 0。由于计数容量为 7，大于 5，还应将 Q_A 和 INB 相连。经过这样连接后，得到了用 74LS290 构成的七进制计数器。

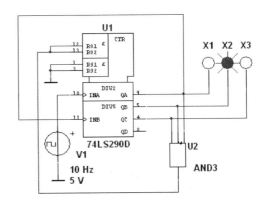

图 6-55　74LS290 构成七进制计数器

2. 利用计数器的级连方法获得大容量 N 进制计数器

所谓级连方法，就是将多个计数器串接起来，从而获得所需要的大容量的 N 进制计数器。例如将一个 N_1 进制计数器和一个 N_2 进制计数器串接起来，便可以构成 $N = N_1 \times N_2$ 进制计数器。

在图 6-56 所示的两片 74LS290 级连起来的 100 进制（两位十进制）计数器，从前述 74LS290 的计数功能中不难知道，两级都是 8421BCD 码十进制计数器，构成 $N=10\times10$ 进制计数器。

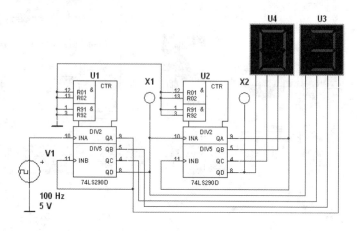

图 6-56　74LS290 构成 100 进制计数器

在图 6-57 所示为两片 74LS290 级连起来的 60 进制计数器，它是由 10 进制（个位）和六进制（十位）构成的 $6\times10=60$ 进制计数器。

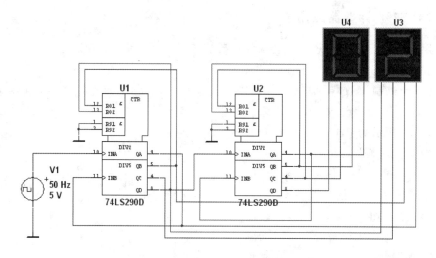

图 6-57　74LS290 构成 60 进制计数器

异步计数器电路比较简单，但由于它的进位（或借位）是逐级传递的，因而使计数速度受到限制，工作频率不能太高。而同步计数器中各个触发器的翻转与时钟脉冲同步，所以工作速度比较快，工作频率较高。

6.2.6　集成同步十进制加法计数器 74LS160 和 74LS162

1. 74LS160 的逻辑功能仿真

图 6-58 为 74LS160 的逻辑功能仿真电路，图中 LOAD 为同步置数控制端，CLR 为异步置 0 控制端，ENT 和 ENP 为计数控制端，D、C、B、A 为并行数据输入端，Q_D、Q_C、Q_B、Q_A 为输出端，RCO 为进位输出端。

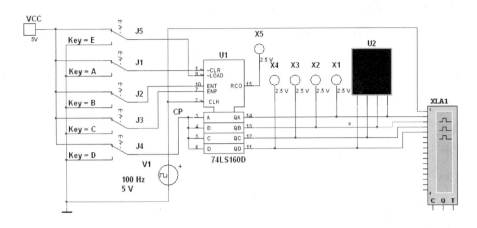

图 6-58 74LS160 逻辑功能仿真电路

1）异步置 0 功能：当 CLR 端为低电平时，不论有无时钟脉冲 CP 和其他信号输入，计数器置 0，即 $Q_DQ_CQ_BQ_A=0000$。

2）同步并行置数功能：当 CLR=1，LOAD=0 时，在输入计数脉冲 CP 的作用下，并行数据 DCBA 被置入计数器，即 $Q_DQ_CQ_BQ_A=DCBA$，本仿真电路中并行置数仅为 0000 和 1111 两种。

3）计数功能：当 LOAD=CLR=ENT=ENP=1，CLK 端输入计数脉冲 CP 时，计数器按 8421BCD 的规律进行十进制加法计数。

4）保持功能：当 LOAD=CLR=1，且 ENT 和 ENP 中有 0 时，则计数器保持原来的状态不变。

2. 利用 74LS160 的"异步置 0"获得 N 进制计数器

由 74LS160 设有"异步置 0"控制端 CLR，可以采用"反馈复位法"，使复位输入端 CLR 为 0，迫使正在计数的计数器跳过无效状态，实现所需要进制的计数器。

图 6-59 为用 74LS160 的"异步置 0"功能获得的七进制计数器电路，设计数器从 $Q_DQ_CQ_B Q_A=0000$ 状态开始计数，"7"的二进制代码为 0111，反馈归零函数 $\overline{CLR}=\overline{Q_CQ_BQ_A}$，根据该函数式用 3 输入与非门将它们连接起来。

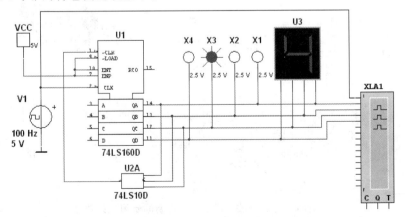

图 6-59 74LS160 利用"异步置 0"构成七进制计数器

3. 利用 74LS160 的"同步置数"功能获得七进制计数器

74LS160 设置有"同步置数"控制端,利用它也可以实现七进制计数,设计数从 $Q_DQ_CQ_BQ_A=0000$ 状态开始,由于采用反馈置数法获得七进制计数器,因此应取同步输入端 DBCA＝0000, "7"的二进制代码为 $S_{7-1}=S_6=0110$,故反馈置数函数为 $\overline{\text{LOAD}}=\overline{Q_C Q_B}$,用 2 输入与非门把 Q_C、Q_B 和 LOAD 端连接起来,构成七进制计数器,如图 6-60 所示。

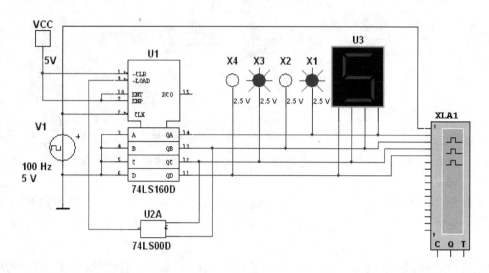

图 6-60　74LS160 利用"同步置数"构成七进制计数器

4. 由两片 74LS160 以并行进位组成的 100 进制同步加法计数器

图 6-61 所示是按并行进位方式连接而成的 100 进制加法计数器电路。当计数脉冲信号到达后,使 74LS160(1)工作在计数状态,即 ENT＝ENP＝1,以 74LS160(1)的进位输出作为 74LS160(2)的使能输入。每当 74LS160(1)计到 9(1001)时,RCO 端输出变为高电平,下个 CP 信号到达时,74LS160(2)进入计数工作状态,计入一个数,而 74LS160(1)计成 0(0000),它的 RCO 端回到低电平。也就是说,74LS160(1)每计 10 个数(0 到 9)时,74LS160(2)计入 1 个数,如此即可完成 100 进制计数。

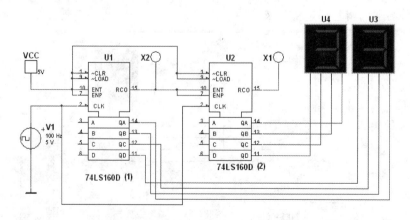

图 6-61　并行进位组成的 100 进制同步加法计数器

6.2.7 555定时器的应用

1. 秒脉冲信号发生器

图 6-62 是用 555 定时器作为多谐振荡器时产生 $T=1$ s 的矩形波信号,由于 $T=1$ s,所以称为秒脉冲电路。图中选择 $R_1=40$ kΩ,$C_1=10$ μF,根据公式 $T=0.7\times(R_1+2R_2)C_1$,求出 $R_2=51.4$ kΩ,所以在 R_2 上串联了一个 2 kΩ 的可变电阻器作频率微调。从示波器上可以测出 T,占空比约为 64%。

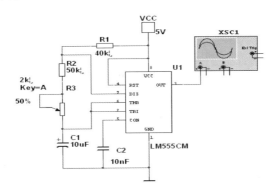

图 6-62 秒脉冲信号发生器

2. 模拟声响电路

图 6-63 是两个多谐振荡器构成的模拟声响电路。第一个多谐振荡器的频率 $f_1=1$ Hz,即秒脉冲发生器,故选择 $R_1=40$ kΩ,$R_2=52$ kΩ,$C_1=10$ μF。第二个多谐振荡器的频率确定为 1 kHz,选择 $R_3=R_4=5$ kΩ,$C_4=100$ nF。接通电源,扬声器会发生呜呜的间歇声响。它的工作原理是这样的:多谐振荡器 1 的输出电压 U_{o1} 接到多谐振荡器 2 的复位端(4 脚),当 U_{o1} 为高电平时振荡器 2 振荡,扬声器发生声响;当 U_{o1} 输出低电平时,振荡器 2 复位停止振荡,扬声器停止发生。

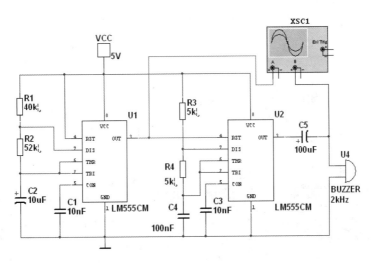

图 6-63 555 定时器构成的声响电路

3. 数字逻辑笔电路

图6-64是用于对数字逻辑电路进行测试的仪器,俗称逻辑笔,它是利用555电路的触发端(引脚2)和阈值端(引脚6)的置位和复位特性,可以构成一个对数字电路的逻辑状态进行测试的逻辑笔,逻辑笔上的红色发光二极管亮,表示电路上的被测点为"1"态,反之如果逻辑笔上的绿色发光二极管亮,表示被测点为"0"态。图中用手动开关代替逻辑笔的探头,当探头接触到高电平(3.4 V以上)时,由555定时器构成的旋密特触发器输出低电平,所以红色发光二极管被点亮。当探头接触到低电平(1.3 V以下)时,由555定时器构成的施密特触发器翻转输出高电平,所以绿色发光二极管点亮。

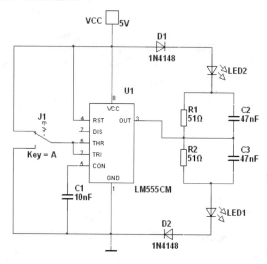

图6-64 逻辑笔电路

6.2.8 8位集成D/A转换器仿真实验

图6-65所示是用8位集成电路D/A转换器VDAC8芯片作仿真实验的电路。8位电压输出型DAC上接线端含义如下:$D_0 \sim D_7$为8位二进制数字信号输入端,V_{ref+}和V_{ref-}两端电

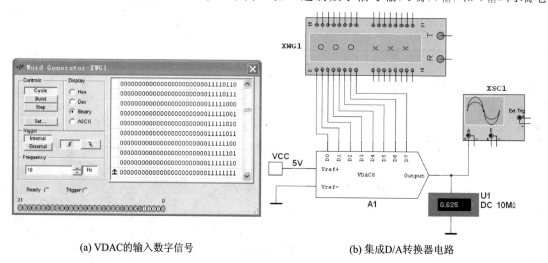

(a) VDAC的输入数字信号　　　　　　(b) 集成D/A转换器电路

图6-65 集成D/A转换器仿真实验

压表示要转换的模拟电压范围,也就是 DAC 的满度输出电压。V_{ref+} 通常和基准电源相连,本实验基准电源电压为 5 V,V_{ref-} 接地。Output 为 DAC 转换后的模拟电压输出端。8 位二进制数字信号由字信号发生器生,设置字信号发生器能连续产生 00000000～11111111 共 256 个数字信号,输出方式为"循环"输出,见图 6-65(a) 所示。

首先将字信号发生器的输出频率设置为 10 Hz,开始仿真后,电压表上的输出电压数值缓慢增加,由 0 V 逐渐变为 5 V,示波器上显示的输出电压变化也十分缓慢(如果字信号发生器输出频率高,电压表将不显示电压数值)。

第二次仿真实验时,将字信号发生器的输出频率增加到 1 kHz,这时在示波器上看到 255 个阶梯组成的逐渐增加的斜线,但是电压表不能正确显示输出模拟电压。

DAC 的满度输出电压,是指在 DAC 的全部输入端(本例中 $D_0 \sim D_7$)全部加上"1"时 DAC 的输出模拟电压值。满度输出电压决定了 DAC 的电压输出范围,这里有一个计算计公式,输出电压 V_0 的变化范围是:$0 \sim \frac{V_{REF}}{2^n}(2^n-1)V_{REF}=5$ V,$n=8$,输出电压的变化范围为 $0 \sim 4.98$ V。

6.2.9　8 位 A/D 转换电路仿真

图 6-66 为 8 位 ADC 电路,用来研究 ADC 输入模拟电压与输出的二进制数字量之间的关系。V_{REF+} 和 V_{REF-} 两端的电压为 ADC 的满刻度电压,V_{REF+} 通常接基准电压 V_{REF}(这里为 5 V),而 V_{REF-} 则接地。V_{in} 为模拟电压输入端。SOC 是时钟脉冲端,ADC 工作时外部都要输入一个时钟信号,OE 是转换器使能端(输出允许端),EOC 是转换结束标志位端,高电平表示转换结束,OE 可与 EOC 接在一起。

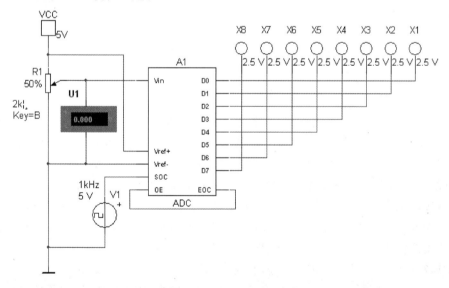

图 6-66　8 位集成 A/D 转换器

仿真时只要调节可变电阻 R_1,从而改变输入的模拟电压数值,从 ADC 的输出端便可观察到输出电压的二进制代码。如输入电压 $V_I=2.5$ V,输出 $V_0=01111111$;$V_I=4$ V 时,$V_0=11001100$。用上述公式计算:

$$(D_8)_2 = \frac{2.5 \times 2^8}{5} = 128 = (10000000)_2$$,和 01111111 差别很小。

$(D_8)_2 = \dfrac{4\times 2^8}{5} = 204.8 \approx 205 = (11001101)_2$,和 11001100 差别也很小。

6.3 综合设计与仿真

6.3.1 数显八路抢答器

如图 6-67 所示为数码管显示 8 抢答器电路图,由抢答按钮开关、触发锁存电路、编码器、七段显示译码器和数码管组成。

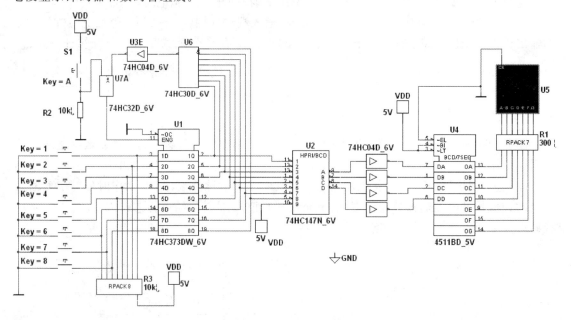

图 6-67 八路抢答器电路

按钮开关为动合型,当按下开关时,开关闭合;当松开开关时,开关自动断开。74HC373 是 8D 锁存器,它的 8 个输入端通过上拉电阻接电源,当所有开关均未按下时,8 个输入端均为高电平,任一开关被按下,相应的输入端立即变为低电平。

8D 锁存器 74HC373(三态)的第 2 脚为三态门控制脚,工作时应接低电平,第 11 脚为锁存使能控制端,当 ENG 为高电平时,锁存器处于等待接收状态,当任一开关按下时,输出信号中必有一路为低电平,反馈到第 11 脚 ENG 的信号为低电平,使锁存器处于锁存状态,即之前接收到的开关信息被锁存,这时如果按动开关,输入信息被封锁。

74HC147 为 8 线-4 线优先编码器(高位优先),低电平有效。当输入为低电平时,以反码形式输出 8421BCD 码,所以后面接了 4 个非门电路,转换为 8421BCD 码,编码器多余的输入端接高电平。

显示译码器若选用 CC4511,数码管只能选择共阴极数码管,若选用 74LS47 作译码器,则必须选择共阳极数管。

在锁存电路被锁存后,若要进行下一轮的重新抢答,就必须把锁存器解锁,也就是将锁存使能控制端 ENG 强制变为高电平。图中将解锁开关信息(由按钮 S_1 产生)和锁存反馈信号相

"或"后再加到锁存使能端 ENG,从而完成解锁工作。

6.3.2 十盏灯循环点亮电路

图 6-68 所示为彩灯循环点亮的电路,电路由三部分组成:振荡电路、计数器/译码分配器、显示电路。

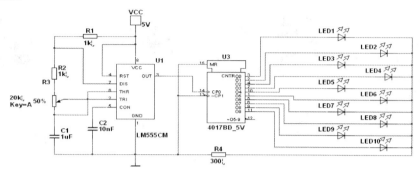

图 6-68 彩灯循环电路

振荡电路是为下一级提供时钟脉冲信号。因为循环彩灯对频率的精密要求不严格(对比时钟电路而言),只要求脉冲信号的频率可调,所以选择 555 定时器组成的频率可调的多谐振荡器。

计数器是用来累计和寄存输入脉冲个数的时序逻辑部件。这里采用十进制计数/分频器 CC4017。CC4017 有 3 个输入端,MR 为清 0 端,CP0 和 CP1 是 2 个时钟输入端,若要用上升沿来计数,则信号由 CP0 端输入;若要用下降沿来计数,则信号由 CP1 端输入。

CC4017 有 10 个输出端($Q_0 \sim Q_9$)和一个进位输出端。每输入 10 个计数脉冲,进位输出端可得到 1 个正向进位脉冲。当 CC4017 有连续脉冲输入时,其对应的输出端依次变为高电平,故可以直接用作顺序脉冲发生器,如图 6-69 所示。

显示电路由发光二极管组成,当 CC4017 的输出端依次输出高电平时,其波形如图 6-70 所示,二极管被点亮,点亮的时间长短和 555 定时器输出的脉冲信号频率有关。

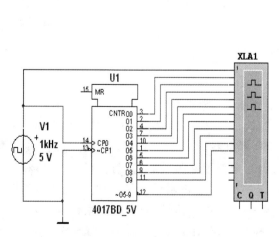

图 6-69 CC4017 仿真测试电路

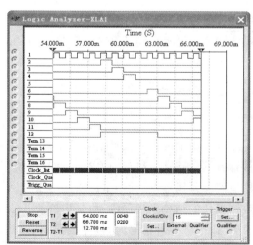

图 6-70 CC4017 的波形

6.3.3 三位数的计数电路

图 6-71 为一个 3 位数的计数电路,它将计数、译码、显示电路组合在一起,可以对输入信号进行计数,范围是 000~999,在任何时候,均可通过置 0 复位。

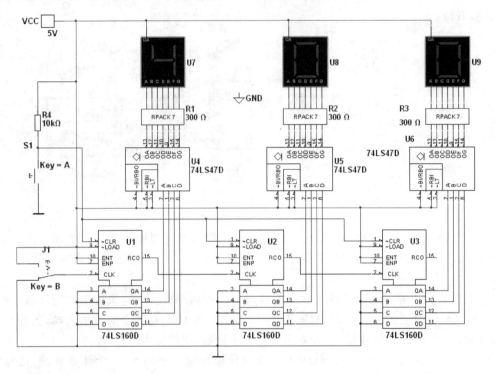

图 6-71 三位数计数器

74LS160 是十进制加法计数器,它具有异步置 0 功能,即将 CLR 端接地,无论其他输入端是否有信号输入,这时 $Q_D Q_C Q_B Q_A = 0000$。当 CLR=LOAD=ENT=ENP=1,CP 端输入计数脉冲时,计数器按照 8421BCD 码的规律进行计数。RCO 为进位输出端,当达到 1001 时,产生进位信号 RCO=0,将 3 个 74LS160 级联便构成 3 位数的计数器,图中使用了 3 个共阳极数码管和 3 个显示译码器 74LS47,最左边的数码管显示的是个位数,最右边显示的是百位数,中间是十位数。

6.3.4 数字电子钟

图 6-72 和图 6-73 为数字显示电子钟电路图,该数字电子钟主要由 4 部分组成,555 定时器及其周围元件构成秒信号发生器,产生秒脉冲信号,U_1 和 U_2 构成电子钟的两位 60 进制秒计数器电路,U_8 和 U_9 构成两位 60 进制分计数器电路,U_{16} 和 U_{17} 构成两位 24 进制小时计数器电路。译码器/驱动器全部采用 74LS48,数码管全部为共阴极形式。其中秒计数器和分计数器模块的结构是相同的,均是由两片 74LS290 构成的 60 进制计数器,当选秒计数器累计接收到 60 个秒脉冲信号时,秒计数器复位,并产生一个分进位信号,分计数器累计接收到 60 个分脉冲信号时,分计数器复位,并产生一个时进位信号;时计数器是由 2 片 74LS290 构成的 24 进制计数器,对时脉冲信号进行计数,累计 24 小时为 1 天,新的一天计时重新开始。

第 6 章 Multisim 10 的仿真应用

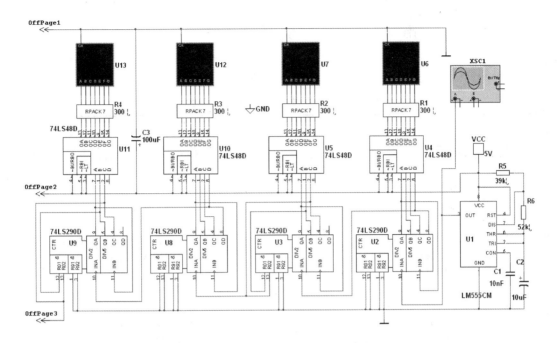

图 6-72 电子钟秒、分计数电路

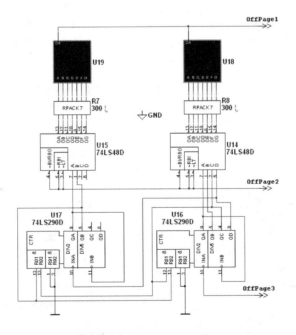

图 6-73 电子钟小时计数电路

附录 A 数字集成电路产品系列

74 系列数字集成电路型号索引如表 A-1 所列。

表 A-1 74 系列数字集成电路型号索引

品种代号	产品名称	品种代号	产品名称
00	四 2 输入与非门	48	4 线-七段译码器/驱动器(BCD 输入,上拉电阻)
01	四 2 输入与非门(OC)	49	4 线-七段译码器/驱动器(BCD 输入,OC 输出)
02	四 2 输入或非门	50	双 2 路 2-2 输入与或非门(一门可扩展)
03	四 2 输入与非门(OC)	51	双 2 路 2-2(3)输入与或非门
04	六反相器	52	4 路 2-3-2-2 输入与或门(可扩展)
05	六反相器(OC)	53	4 路 2-3-2-2 输入与或非门(可扩展)
06	六反相缓冲/驱动器(OC)	55	2 路 4-4 输入与或非门(可扩展)
07	六缓冲/驱动器(OC)	56	1/50 分频器
08	四 2 输入与门	60	双 4 输入与扩展器
09	四 2 输入与门(OC)	61	三 3 输入与扩展器
10	三 3 输入与非门	62	4 路 2-3-3-2 输入与或扩展器
11	三 3 输入与门	68	双 4 位十进制计数器
12	三 3 输入与非门(OC)	69	双 4 位二进制计数器
15	三 3 输入与门(OC)	70	与门输入上升沿 JK 触发器(有预置和清除)
16	六高压输出反相缓冲/驱动器(OC)	71	与或门输入主从 JK 触发器(有预置)
17	六高压输出缓冲/驱动器(OC)	72	与门输入主从 JK 触发器(有预置和清除)
20	双 4 输入与非门	73	双 JK 触发器(有清除)
21	双 4 输入与门	74	双上升沿 D 触发器(有预置和清除)
22	双 4 输入与非门(OC)	75	4 位双稳态锁存器
23	可扩展双 4 输入或非门(带选通)	76	双 JK 触发器(有预置和清除)
25	双 4 输入或非门(带选通)	77	4 位双稳态锁存器
27	三 3 输入或非门	78	双主从 JK 触发器(有预置和公共清除和公共时钟)
28	四 2 输入或非缓冲器	80	门控全加器
30	8 输入与非门	82	2 位二进制全加器
32	四 2 输入或门	83	4 位二进制全加器(带快速进位)
33	四 2 输入或非缓冲器(OC)	86	四 2 输入异或门
34	六跟随器	90	十进制计数器
35	六跟随器(OC)(OD)	91	8 位移位寄存器
36	四 2 输入或非门	92	十二分频计数器
37	四 2 输入与非缓冲器	93	4 位二进制计数器
38	四 2 输入与非缓冲器(OC)	94	四 2 输入异或门
40	双 4 输入与非缓冲器	95	4 位移位寄存器(并行存取,左移/右移,串联输入)
42	4 线-10 线译码器(BCD 输入)	96	5 位移位寄存器
43	4 线-10 线译码器(余 3 码输入)	98	4 位数据选择器/存储寄存器
44	4 线-10 线译码器(余 3 码格雷码输入格)	99	4 位双向通用移位寄存器
45	BCD-十进制译码器/驱动器(OC)	100	8 位双稳态锁存器
46	4 线-七段译码器/驱动器(BCD 输入,开路输出)	103	双下降沿 JK 触发器(有清除)
		106	双下降沿 JK 触发器(有预置和清除)

续表 A-1

品种代号	产品名称	品种代号	产品名称
107	双主从JK触发器(有清除)	197	可预置二进制计数器/锁存器
110	与门输入主从JK触发器(有预置,清除,数据锁定)	237	3线-8线译码器/多路分配器(地址锁存)
111	双主从JK触发器(有预置,清除,数据锁定)	238	3线-8线译码器/多路分配器
116	双4位锁存器	244	八缓冲器/线驱动器/线接收器(3S)
121	单稳态触发器(有施密特触发)	245	八双向总线收发器/接收器(3S)
137	3线-8线译码器/多路分配OS(有地址寄存)	249	4线-七段译码器/驱动器(BCD输入,OC)
138	3线-8线译码器/多路分配器	250	16选1数据选择器/多路转换器(3S)
139	双2线-4线译码器/多路分配器	251	8选1数据选择器/多路转换器(3S,原,反码输出)
141	BCD-十进制译码器/驱动器(OC)	264	超前进位发生器
142	计数器/锁存器/译码器/驱动器(OC)	268	六D型锁存器(3S)
143	计数器/锁存器/译码器/驱动器(7 V,15 mA)	269	8位加/减计数器
144	计数器/锁存器/译码器/驱动器(15 V,20 mA)	281	4位并行二进制累加器
145	BCD-十进制译码器/驱动器(驱动灯、继电器、MOS)	282	超前进位发生器(有选择进位输入)
147	10线-4线优先编码器	283	4位二进制超前进位全加器
148	8线-3线优先编码器	290	十进制计数器
150	16选1数据选择器/多路转换器(反码输出)	293	4位二进制计数器
151	8选1数据选择器/多路转换器(原,反码输出)	322	8位移位寄存器(有信号扩展,3S)
152	8选1数据选择器/多路转换器(反码输出)	323	8位双向移位/存储寄存器(3S)
157	双2选1数据选择器/多路转换器(原码输出)	347	BCD-七段译码器/驱动器(OC)
158	双2选1数据选择器/多路转换器(反码输出)	351	双8选1数据选择器/多路转换器(3S)
159	4线-16线译码器/多路分配器(OC输出)	352	双4选1数据选择器/多路转换器(反码输出)
160	4位十进制同步可预置计数器(异步清除)	363	八D型透明锁存器和边沿触发器(3S,公共控制)
161	4位二进制同步可预置计数器(异步清除)	364	八D型透明锁存器和边沿触发器(3S,公共控制,公共时钟)
162	4位十进制同步计数器(同步清除)		
163	4位二进制同步可预置计数器(同步清除)	373	八D型锁存器(3S,公共控制)
164	8位移位寄存器(串行输入,并行输出,异步清除)	374	八D型锁存器(3S,公共控制,公共时钟)
168	4位十进制可预置加/减同步计数器	375	4位D型(双稳态)锁存器
169	4位二进制可预置加/减同步计数器	377	八D型触发器(Q端输出,公共允许,公共时钟)
171	四D触发器(有清除)	378	六D型触发器(Q端输出,公共允许,公共时钟)
173	4位D型触发器(3S,Q端输出)	379	四D型触发器(互补输出,公共允许,公共时钟)
174	六上升沿D型触发器(Q端输出,公共清除)	390	双二-五-十计数器
175	四上升沿D型触发器(互补输出,公共清除)	393	双4位二进制计数器(异步清除)
176	可预置十进制/二、五混合进制计数器	395	4位可级联移位寄存器
177	可预置二进制计数器	444	BCD-十进制译码器/驱动器(OC)
182	超前进位发生器	446	BCD-七段译码器/驱动器(OC)
183	双进位保留全加器	484	BCD-二进制代码转换器
184	BCD-二进制代码转换器	485	二进制-BCD代码转换器
185	二进制-BCD代码转换器(译码器)	537	4线-10线译码器/多路分配器
190	4位十进制可预置同步加/减计数器	538	3线-8线译码器/多路分配器
191	4位二进制可预置同步加/减计数器	539	双2线-4线译码器/多路分配器(3S)
192	4位十进制可预置同步加/减计数器(双时钟,有清除)	547	3线-8线译码器(输入锁存,有应答功能)
193	4位二进制可预置同步加/减计数器(双时钟,有清除)	548	3线-8线译码器/多路分配器(有应答功能)
194	4位双向通用移位寄存器(并行存取)	568	4位十进制同步加/减计数器(3S)
195	4位移位寄存器(JK输入,并行存取)	569	4位二进制同步加/减计数器
196	可预置十进制/二五混合进制计数器/锁存器	580	八D型透明锁存器(3S,反相输出)

4000 系列数字集成电路型号索引如表 A-2 所列。

表 A-2 4000 系列数字集成电路型号索引

品种代号	产品名称	品种代号	产品名称
4000	双 3 输入或非门及反相器	4049	六反相器
4001	四 2 输入或非门	4050	六同相缓冲器
4002	双 4 输入正或非门	4051	模拟多路转换器/分配器(8 选 1 模拟开关)
4006	18 位静态移位寄存器(串入,串出)	4052	模拟多路转换器/分配器(双 4 选 1 模拟开关)
4007	双互补对加反相器	4053	模拟多路转换器/分配器(三 2 选 1 模拟开关)
4008	4 位二进制超前进位全加器	4054	4 段液晶显示驱动器
4009	六缓冲器/变换器(反相)	4055	4 线-七段译码器(BCD 输入,驱动液晶显示器)
4010	六缓冲器/变换器(同相)	4056	BCD-七段译码器/驱动器(有选通,锁存)
4011	四 2 输入与非门	4059	程控 1/N 计数器 BCD 输入
4012	双 4 输入与非门	4060	14 位同步二进制计数器和振荡器
4013	双上升沿 D 触发器	4061	14 位同步二进制计数器和振荡器
4014	8 位移位寄存器(串入/并入,串出)	4063	4 位数值比较器
4015	双 4 位移位寄存器(串入,并出)	4066	四双向开关
4016	四双向开关	4067	16 选 1 模拟开关
4017	十进制计数器/分频器	4068	8 输入与非/与门
4018	可预置 N 分频计数器	4069	六反相器
4019	四 2 选 1 数据选择器	4070	四异或门
4020	14 位同步二进制计数器	4071	四 2 输入或门
4021	8 位移位寄存器(异步并入,同步串入/串出)	4072	双 4 输入或门
4022	八计数器/分频器	4073	三 3 输入与门
4023	三 3 输入与非门	4075	三 3 输入或门
4024	7 位同步二进制计数器(串行)	4076	四 D 寄存器(3S)
4025	三 3 输入与非门	4077	四异或非门
4026	十进制计数器/脉冲分配器(七段译码输出)	4078	8 输入或/或非门
4027	双上升沿 JK 触发器	4081	四 2 输入与门
4028	4 线-10 线译码器(BCD 输入)	4082	双 4 输入与门
4029	4 位二进制/十进制/加/减计数器(有预置)	4085	双 2-2 输入与或非门(带禁止输入)
4030	四异或门	4086	四路 2-2-2-2 输入与或非门(可扩展)
4031	64 位静态移位寄存器	4089	4 位二进制比例乘法器
4032	三级加法器(正逻辑)	4093	四 2 输入与非门(有施密特触发器)
4033	十进制计数器/脉冲分配器(七段译码输出,行波消隐)	4094	8 位移位和储存总线寄存器
4034	8 位总线寄存器	4095	上升沿 JK 触发器
4035	4 位移位寄存器(补码输出,并行存取,JK 输入)	4096	上升沿 JK 触发器(有 JK 输入端)
4038	三级加法器(负逻辑)	4097	双 8 选 1 模拟开关
4040	12 位同步二进制计数器(串行)	4098	双可重触发单稳态触发器(有清除)
4041	四原码/反码缓冲器	4316	四双向开关
4042	四 D 锁存器	4351	模拟信号多路转换器/分配器(8 路)(地址锁存)
4043	四 RS 锁存器(3S,或非)	4352	模拟信号多路转换器/分配器(双 4 路)(地址锁存)
4044	四 RS 锁存器(3S,与非)	4353	模拟信号多路转换器/分配器(3×2 路)(地址锁存)
4045	21 级计数器	452	六反相器/缓冲器(3S,有选通端)
4048	8 输入多功能门(3S,可扩展)	4503	六缓冲器(3S)
		4508	双 4 位锁存器(3S)

续表 A-2

品种代号	产品名称	品种代号	产品名称
4510	十进制同步加/减计数器(有预置端)	7006	六部分多功能电路
4511	BCD-七段译码器/驱动器(锁存输出)	7022	八计数器/分频器(有清除功能)
4514	4线-16线译码器/多路分配器(有地址锁存)	7032	四路正或门(有施密特触发器输入)
4515	4线-16线译码器/多路分配器(反码输出,有地址锁存)	7074	六部分多功能电路
		7266	四路2输入异或非门
4516	4位二进制同步加/减计数器(有预置端)	7340	八总线驱动器(有双向寄存器)
4517	双64位静态移位寄存器	7793	八三态锁存器(有回读)
4518	双十进制同步计数器	8003	双2输入与非门
4519	四2选1数据选择器	9000	程控定时器
4520	双4位二进制同步计数器	9014	九施密特触发器、缓冲器(反相)
4521	24位分频器	9015	九施密特触发器、缓冲器
4526	二-N-十六进制减计数器	9034	九缓冲器(反相)
4527	BCD比例乘法器	14572	六门
4529	双4信道模拟数据选择器	145999	8位双向可寻址锁存器
4530	双5输入多功能逻辑门	40097	双8选1模拟开关
4531	12输入奇偶校验器/发生器	40100	32位左右移位寄存器
4532	8线-3线优先编码器	40101	9位奇偶校验器
4536	程控定时器	40102	8位同步BCD减计数器
4538	双精密单稳多谐振荡器(可重复)	40103	8位同步二进制减计数器
4541	程控定时器	40104	4位双向移位寄存器(3S)
4543	BCD-七段锁存/译码/LCD驱动器	40105	4位×16字先进先出寄存器(3S)
4551	四2输入模拟多路开关	40107	双2输入与非缓冲器/驱动器
4555	双2线-4线译码器	40108	4×4多位寄存器
4556	双2线-4线译码器(反码输出)	40109	四低-高电压电频转换器(3S)
4557	1-64位可变时间移位寄存器	40110	十进制加/减计数/译码/锁存/驱动器
4583	双施密特触发器	40160	十进制同步计数器(有预置,异步清除)
4584	六施密特触发器	40161	4位二进制同步计数器(有预置,异步清除)
4585	4位数值比较器	40162	十进制同步计数器(同步清除)
4724	8位可寻址锁存器	40163	4位二进制同步计数器(同步清除)
7001	四路正与门(有施密特触发器输入)	40174	六上升沿D触发器
7002	四路正或非门(有施密特触发器输入)	40208	4×4多位寄存器阵(3S)
7003	四路正与非门(有施密特触发器输入和开漏输出)	40257	四2选1数据选择器

附录B 常用集成芯片引脚图

引脚图摘自《标准集成电路数据手册》及《国内集成电路速查手册》。

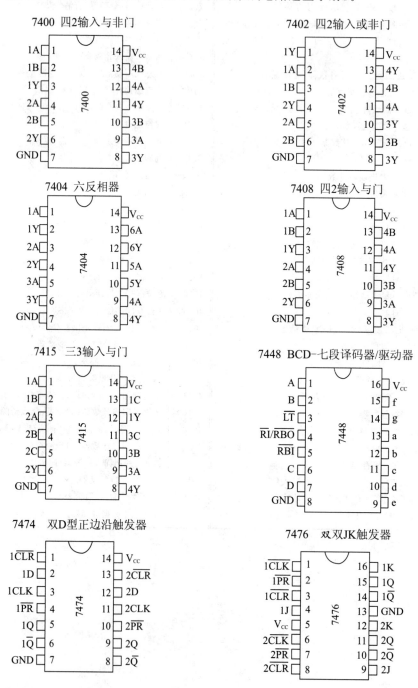

7490 二-五-十分频计数器

```
$\overline{CP_1}$   1        14  $\overline{CP_0}$
RO(1)   2        13  NC
RO(2)   3   7490 12  QA
NC      4        11  QD
Vcc     5        10  GND
R9(1)   6         9  QB
R9(2)   7         8  QC
```

7492 二-六-十二分频计数器

```
$\overline{CP_1}$   1        14  $\overline{CP_0}$
NC      2        13  NC
NC      3   7492 12  QA
NC      4        11  QB
Vcc     5        10  GND
RO(1)   6         9  QC
RO(2)   7         8  QD
```

74138 双3线-8线译码器

```
A           1        16  Vcc
B           2        15  $\overline{Y0}$
C           3   74138 14  $\overline{Y1}$
$\overline{ST_B}$  4        13  $\overline{Y2}$
$\overline{ST_C}$  5        12  $\overline{Y3}$
$\overline{ST_A}$  6        11  $\overline{Y4}$
Y7          7        10  $\overline{Y5}$
GND         8         9  $\overline{Y6}$
```

74139 双2线-4线译码器

```
$1\overline{ST}$   1        16  Vcc
1A      2        15  $2\overline{ST}$
1B      3   74139 14  2A
$1\overline{Y0}$   4        13  2B
$1\overline{Y1}$   5        12  $2\overline{Y0}$
$1\overline{Y2}$   6        11  $2\overline{Y1}$
$1\overline{Y3}$   7        10  $2\overline{Y2}$
GND     8         9  $2\overline{Y3}$
```

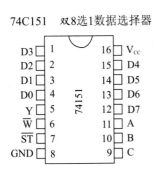

74C151 双8选1数据选择器

```
D3      1        16  Vcc
D2      2        15  D4
D1      3   74151 14  D5
D0      4        13  D6
Y       5        12  D7
$\overline{W}$   6        11  A
$\overline{ST}$  7        10  B
GND     8         9  C
```

74HC153 双双4选1数据选择器

```
$1\overline{ST}$   1        16  Vcc
B       2        15  $2\overline{ST}$
1D3     3   74153 14  A
1D2     4        13  2D3
1D1     5        12  2D2
1D0     6        11  2D1
1Y      7        10  2D0
GND     8         9  2Y
```

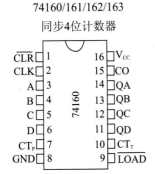

74160/161/162/163 同步4位计数器

```
$\overline{CLR}$   1        16  Vcc
CLK     2        15  CO
A       3   74160 14  QA
B       4        13  QB
C       5        12  QC
D       6        11  QD
$CT_P$  7        10  $CT_T$
GND     8         9  $\overline{LOAD}$
```

74196 可预置二-五-十进制计数器

```
$CT/\overline{LD}$  1        14  Vcc
QC      2        13  $\overline{CLR}$
数据输入 C 3  74196 12  QD
数据输入 A 4        11  D 数据输入
QA      5        10  B 数据输入
$\overline{CLK2}$  6         9  QB
GND     7         8  $\overline{CLK1}$
```

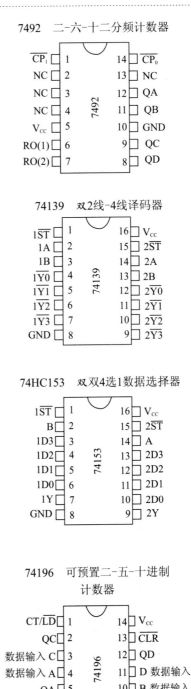
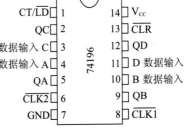

附录 B 常用集成芯片引脚图

4000 双3输入或非门

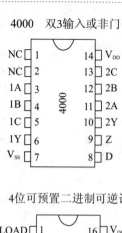

4001 四2输入或非门

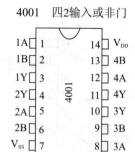

4029 4位可预置二进制可逆计数器

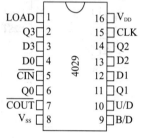

4511 BCD-锁存/七段译码/驱动器

4518 双BCD同步加计数器

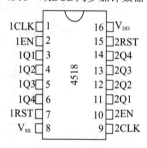

4060 14位串行计数器

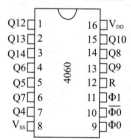

40106 六施密特触发器

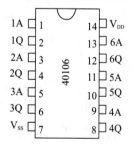

40107 双2输入与非缓冲器/驱动器

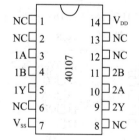

参考文献

[1] 华成英. 电子技术[M]. 北京:中央广播电视大学出版社,2002.
[2] 孙丽霞. 数字电子技术[M]. 北京:高等教育出版社,2004.
[3] 周良权. 模拟电子技术基础[M]. 北京:高等教育出版社,1993.
[4] 沈任元. 模拟电子技术基础[M]. 北京:机械工业出版社,2003.
[5] 夏春华. 模拟电子技术[M]. 北京:中国水利水电出版社,2003.
[6] 中国集成电路大全编委会. 中国集成电路大全——TTL集成电路[M]. 北京:国防工业出版社,1985.
[7] 中国集成电路大全编委会. 中国集成电路大全——COMS集成电路[M]. 北京:国防工业出版社,1985.
[8] 朱永金. 电子技术基础实训指导[M]. 北京:清华大学出版社,2005.
[9] 邵展图. 电子电路基础[M]. 北京:中国劳动社会保障出版社,2003.
[10] 姜有根. 电子线路[M]. 北京:电子工业出版社,2004.
[11] 康华光. 电子技术基础(数字部分)[M]. 北京:高等教育出版社,2000.
[12] 黄智伟. 基于NI Multisim的电子电路计算机仿真设计与分析[M]. 北京:电子工业出版社,2008.
[13] 程勇. 实例讲解Multisim 10电路仿真[M]. 北京:人民邮电出版社,2010.
[14] 李学明. 数字电子技术仿真实验教程[M]. 北京:清华大学出版社,2011.
[15] 王莲英. 基于MuItisim 10的电子仿真实验与设计[M]. 北京:北京邮电大学出版社,2009.
[16] 杨志忠. 数字电子技术[M]. 3版. 北京:高等教育出版社,2009.